U0213886

竹林参数多源遥感定量反演

杜华强　周国模
毛方杰　韩　凝　著

科　学　出　版　社
北　京

内 容 简 介

本书以毛竹和雷竹两种散生竹为例，从地面遥感到卫星遥感，从统计模型到机理模型，从单一尺度到多尺度综合，以不同的角度、不同的视觉全方位阐述了竹林参数定量反演方法。全书共分 8 章，内容基本涵盖了净光合速率、叶绿素含量、叶面积指数、竹林郁闭度等竹林碳循环的主要参数，这些参数反演精度高，为竹林碳循环及时空动态研究提供了关键基础数据，已经应用于竹林碳循环时空模拟研究。

本书不仅介绍了森林参数多源遥感定量反演方法，还介绍了国内外相关研究的最新进展及发展趋势，同时通过大量实例深入浅出地对各种反演方法进行论述，适用性强。本书可作为普通高校遥感、林学、森林碳汇、生态、环境、全球气候变化等领域相关专业的本科生和研究生的教学用书，也可作为林业相关部门工作人员和科研工作者的参考用书。

图书在版编目（CIP）数据

竹林参数多源遥感定量反演/杜华强等著. —北京：科学出版社，2022.2
ISBN 978-7-03-070785-7

Ⅰ. ①竹⋯　Ⅱ. ①杜⋯　Ⅲ. ①竹林-遥感数据-数据处理-研究
Ⅳ. ①S795

中国版本图书馆 CIP 数据核字（2021）第 257831 号

责任编辑：李　海　袁星星／责任校对：王万红
责任印制：吕春珉／封面设计：东方人华平面设计部

科学出版社 出版
北京东黄城根北街 16 号
邮政编码：100717
http://www.sciencep.com

北京中科印刷有限公司 印刷
科学出版社发行　　各地新华书店经销

*

2022 年 2 月第 一 版　　开本：B5（720×1000）
2022 年 2 月第一次印刷　　印张：9 1/2
字数：191 000

定价：**98.00** 元

（如有印装质量问题，我社负责调换〈中科〉）
销售部电话 010-62136230　编辑部电话 010-62138978-2047

前　言

　　《竹林参数多源遥感定量反演》是作者继《竹林生物量碳储量遥感定量估算》（科学出版社，2012）之后推出的又一部竹林遥感信息定量估算方面的专著。叶绿素、叶面积指数（LAI）、净光合速率、冠层郁闭度等森林参数担负着整个森林生态系统物质和能量的传输以及太阳辐射的传递功能，是生态模型、碳循环和生物多样性等研究领域的重要特征参量，是大区域尺度乃至全球范围的森林碳循环时空模型不可缺少的组成部分。因此，森林参数遥感定量反演在全球气候变化的研究中具有重要意义。

　　竹子是禾本科竹亚科植物，全世界竹类植物约有 150 属 1225 种。世界竹林总面积为 3185 万公顷，因此竹林被称为"世界第二大森林"。中国地处世界竹子分布的中心，竹子资源十分丰富，现有竹类植物 34 属 534 种，约占世界竹种的 44%，广泛分布于福建、江西、浙江、湖南、四川、广东、广西、安徽、湖北、重庆、云南等省市区，竹林面积已达 641 万公顷，占世界竹林面积的 20%左右，是名副其实的"世界竹子王国"。近年来的研究表明，竹林具有高效的固碳能力和强大的碳汇潜力，竹林碳汇功能在世界范围内得到认可。因此，准确地反演竹林参数对精准模拟竹林碳循环过程以及评价其在全球气候变化中的作用具有重要意义。

　　在明确了竹林生物量碳储量遥感定量估算方法之后，竹林参数高精度反演就成为研究竹林碳循环时空演变及形成机制的关键。《竹林参数多源遥感定量反演》一书正是作者在上述背景下基于多年系统研究的成果撰写而成的。本书以毛竹林和雷竹林为例，研究竹林参数多源遥感反演方法。本书内容涵盖了国内外森林参数遥感定量反演方法、最新进展及发展趋势，不仅包括地面光谱数据、SPOT 和 Landsat 等中高分辨率遥感数据及 MODIS 粗分辨率遥感数据在竹林参数反演中的应用，还介绍了基于统计模型、几何光学模型、混合模型和数据同化技术等的竹林参数反演新方法。

　　全书共分 8 章，第 1 章绪论，概括介绍森林参数遥感反演方式；第 2 章主要介绍毛竹林净光合速率高光谱遥感反演新方法；第 3 章主要介绍基于高光谱植被指数的雷竹林叶绿素含量反演模型构建；第 4 章主要介绍基于 PROSAIL 辐射传输模型的毛竹林 LAI 和叶绿素含量一体化遥感反演；第 5 章主要介绍采用无人机航拍数据、SPOT 和 Landsat TM 卫星遥感数据作为数据源，利用几何光学模型和神经网络模型，实现毛竹林郁闭度多尺度综合反演；第 6 章主要介绍面向对象多尺度分割与决策树算法相结合的毛竹林调查参数高光谱分辨率遥感数据反演技术；第 7 章主要介绍竹林 MODIS LAI 时间序列同化方法；第 8 章主要介绍 LAI

同化在竹林碳循环时空模拟中的应用。

本书在撰写过程中得到了浙江省安吉县林业局、杭州市临安区林业技术服务总站等单位的大力支持。此外，浙江农林大学徐小军、范渭亮、施拥军、李平衡、葛宏立和周宇峰等老师参与了本书课题研究方案的设计和实施；西安科技大学李崇贵教授对本书的出版提供了宝贵的建议；李雪建、刘玉莉、谷成燕、孙晓燕、赵晓、王聪、李亚丹、孙少波、高国龙、陈亮、崔璐、李阳光、朱迪恩、刘腾燕、邢璐琪、郑钧泷、董落凡和张梦等研究生在竹林参数地面调查、数据处理、模型构建以及书稿文字、图表整理等方面做了大量工作。全书由东北林业大学范文义教授审稿。在此，对他们一并表示感谢！

本书得到了国家自然科学基金项目（项目编号：31670644、31070564、31500520）、浙江省杰出青年科学基金项目（项目编号：LR14C160001）、浙江省"151 人才工程"项目、浙江省与中国林业科学研究院省院合作林业科技项目（项目编号：2017SY04）和浙江省竹资源与高效利用协同创新中心项目（项目编号：S2017011）等的资助，在此表示衷心的感谢！

由于作者水平有限，书中难免存在不足之处，恳请广大读者批评指正。

杜华强

2019 年 1 月

目　　录

第1章 绪 论

1.1 森林参数遥感反演方法概述

根据相关文献，我们将森林参数分为生物物理参数、森林结构参数和生物化学参数三类。生物物理参数，如叶面积指数（leaf area index，LAI）、植物吸收性光合有效辐射分量（fraction of absorbed photosynthetically active radiation，FPAR）等；森林结构参数，如冠层郁闭度（canopy closure，CC）、冠层直径、冠层高度等；以及生物化学参数，如叶绿素、水、氮等（杜华强 等，2012）。这些参数是衡量区域乃至全球生态环境变化的重要指标，也是生态模型、碳循环和生物多样性等研究领域的重要特征变量。随着全球变化研究的不断深入，以及全球范围和大区域尺度的森林碳循环模型和生态过程模型的建立，这些参数作为重要的输入因子而成为森林碳循环时空模型不可缺少的组成部分。因此，森林参数定量反演对研究全球气候变化具有重要意义。国内外学者在植被参数遥感定量反演模型发展方面做了大量工作，其基于不同理论研发的森林参数反演模型受到广泛重视。

在《竹林生物量碳储量遥感定量估算》第 7 章，我们归纳了森林参数遥感反演方法，并以竹林郁闭度和 LAI 为例进行了初步反演。概括而言，森林参数遥感反演方法主要分为 3 类模型，即统计模型、物理模型以及统计模型和物理模型相结合的混合模型。

以归一化植被指数（normalized differential vegetation index，NDVI）、简单比值植被指数（simple ratio vegetation index，SR）和土壤调节植被指数（soil adjusted vegetation index，SAVI）等植被指数为基础的统计模型是 LAI、冠层郁闭度等森林参数遥感定量反演的常用方法。例如，Turner 等（1999）建立了 LAI 与 3 个植被指数（NDVI、SR、SAVI）之间的关系模型，并分析了地形等因素对关系模型的影响；Wylie 等（2002）根据 LAI、FPAR 与 NDVI 之间的统计关系，利用陆地卫星专题制图仪（Landsat thematic mapper，Landsat TM）数据定量反演了这些参数，取得了较好的反演结果；Wolter 等（2009）构建了一种以植被指数、半方差参数等为自变量的偏最小二乘回归模型，利用 SPOT5 数据定量反演了美国东北部某森林的冠层郁闭度和冠层直径等森林参数，其中硬阔叶林和针叶林的冠层郁闭度预测值和实测值之间的相关指数 R^2 分别为 0.52 和 0.58。统计模型的特点是结构简单，形式多样，易受植被类型、光照条件、观察位置、冠层结构等植被因素的影响，对土壤背景等非植被因素也较为敏感，因而模型的普适性较差。

物理模型包括几何光学模型和辐射传输模型，在森林参数定量反演中具有重要地位。李小文在 20 世纪 80 年代提出的 Li-Strahler 几何光学模型（Li et al.，1985；Li et al.，1986）是几何光学模型的代表模型，并且在森林参数定量反演中得到了很好的应用。例如，Zeng 等（2009）采用 Li-Strahler 几何光学模型，并结合快鸟卫星（Quickbird）高空间分辨率遥感数据和 Hyperion 高光谱遥感数据，成功地反演了中国长江三峡龙门河自然保护区森林冠层的郁闭度和直径。加拿大学者陈镜明在总结以往几何光学模型研究成果的基础上，于 1997 年提出了用于卫星图像处理的 4-SCALE 模型，该模型是目前国际上最先进的几何光学模型之一；另外，他提出的 5-SCALE 模型也在高光谱遥感叶片生化和植被冠层 LAI 等生物学参数定量反演中取得了成功。除几何光学模型外，辐射传输模型（SAIL 模型、LIBERTY模型、GEOSAIL 模型、PROSPECT 模型等）也在植被参数定量反演中得到广泛的应用。例如，Miina（2005）采用 PROSPECT 模型与马尔可夫相结合的方法对针叶林的 LAI 进行反演，但模型估计的 LAI 略高于真实值；Rasmus 等（2008）采用马尔可夫冠层反射率模型（Markov chain canopy reflectance model，MCRM）实现了 LAI 和叶绿素的自动反演，并指出 LAI-NDVI、LAI-ρ_{nir} 之间的关系，为农作物冠层特征定量反演描述提供了可靠的方法，但其反演过程相对比较复杂。基于物理模型的生物物理参数遥感定量反演的最大优势是模型建立在电磁波辐射传输理论和植被生态学理论之上，不受植被类型等因素的影响，因而成为国内外学者研究的热点，但由于模型比较复杂，存在模型解非唯一性等问题（Jacquemoud，1993）。

由于物理模型和统计模型各有其优点和不足，因此将二者结合起来定量反演植被冠层参数的方法受到国内外学者的青睐，并成为一个新的研究方向（梁顺林，2009）。例如，Qi 等（2000）将 LAI-植被指数之间的统计模型与 SAIL 模型结合，利用 Landsat TM 数据和改进型甚高分辨率辐射计（advanced very high resolution radiometer，AVHRR）数据进行 LAI 反演，取得满意的结果；唐世浩等（2006）探索性地提出一种基于方向反射率的 LAI 反演新方法，该方法既借鉴了植被指数方法定量反演冠层参数简单实用的优点，又利用了地物的方向反射特性，因而取得了较高的反演精度，为基于不同传感器大面积反演 LAI 提供了一种新思路。

1.2　数据同化技术

由 1.1 相关介绍可知，在遥感信息与森林参数之间建立数学模型及其解析式是目前最常用的植被参数定量反演方法，其相关模型也各具优点。然而，当数据噪声增加时，尤其是当遥感数据受到云、气溶胶等因素影响时，森林参数反演精度就会显著下降。另外，反演方法大多基于单一时相遥感数据，难以获取长时间序列森林参数（王东伟 等，2010；Li et al.，2014）。

在面对瞬时遥感数据向时空一致性数据集转化、遥感反演地表参数无解或"病态"反演结果以及地表复杂性、空间异质性带来的误差等问题时，数据同化技术为约束模型、降低误差，获得物理一致性和时空一致性的地表参数提供了可行的途径，并日趋实用化（李新 等，2007）。该技术可以将各种来源不同、误差不同、时空分辨率不同的观测资料融入动态模型，依据严格的数学理论，在模型解与实际观测之间找到一个最优解，并为动态模型提供初始值，通过不断循环此过程，使模拟结果不断地向观测值靠拢，从而提高观测数据的精度。目前，数据同化技术已被广泛应用于遥感、气象、土壤、生态和水文等多个领域（Li et al.，2014；李渊，2014；Moradkhani et al.，2005；Mclaughlin et al.，2003；Gu et al.，2009）。

20 世纪 50 年代，数据同化依据控制论和误差估计等数学理论首先在气象预报领域得到广泛应用（李新 等，2007）。数据同化主要分为变分数据同化和顺序数据同化两类，其中前者主要是指通过求解模型解与观测值之间的代价函数，采用优化函数求出代价函数的最小值作为模型的最优解，以三维变分同化和四维变分同化为代表；后者主要是指卡尔曼滤波或以卡尔曼滤波为基础的一系列变化形式。顺序同化算法是指在系统运行过程中，当有观测数据时，首先利用观测数据对模型模拟值进行调整和更新，从而获得模型状态的最优估计，然后利用前一时刻的最优估计值对后一时刻的模型初始值进行初始化，继续更新，直到所有状态更新完成。为了解决数据同化中非线性模型问题和估计模型误差，以集合卡尔曼滤波和粒子滤波为代表的非线性滤波方法在数据同化领域中得到广泛应用并取得巨大的成功（Moradkhani et al.，2005；Mclaughlin et al.，2003；Gu et al.，2009）。

集合卡尔曼滤波算法是将集合预报和卡尔曼滤波有机地结合起来，通过运用集合的方式来估计预测值和分析值误差协方差矩阵，不需要计算模型的切线方程和伴随模式，减少了计算负担（李喜佳 等，2014），但由于集合卡尔曼滤波算法是基于高斯分布假设的，因此仅仅考虑概率密度分布的一阶矩和二阶矩会造成数据信息损失（马建文 等，2012）。粒子滤波算法延续了集合卡尔曼滤波算法的集合思想，采用蒙特卡罗采样方法来近似状态变量的整个后验概率密度分布（李新 等，2007），对权重较大的粒子进行重采样来完成滤波过程，适用于非线性非高斯系统。与集合卡尔曼滤波算法相比，粒子滤波算法不受模型状态变量和误差高斯分布假设的影响，没有复杂的矩阵求逆和矩阵转置，计算效率较高（毕海芸 等，2014）。

数据同化技术不断成熟，能够利用已有观测数据优化生态系统模型参数，为准确模拟区域乃至全球碳循环提供了一条可行的途径（李新 等，2007）。以 LAI 为例，在耦合遥感数据和辐射传输模型或生态系统模型的数据同化研究中，集合卡尔曼滤波和粒子滤波是获取高精度 LAI 时空分布的重要方法。例如，Quaife 等（2008）利用集合卡尔曼滤波（ensemble kalman filter，EnKF）将中分辨率成像光谱仪（moderate-resolution imaging spectroradiometer，MODIS）冠层反射率数据同化到生态系统模型中，降低了总初级生产力和净生态系统生产力的不确定性，提高了模型精度；Xiao 等（2011）通过 EnKF 耦合辐射传输模型 MCRM 和 LAI 动态模型来同化时间序列上的 LAI，得到了较好的估计结果；张廷龙等（2013）利用 EnKF 算法将实测 LAI 和遥感 LAI 分别同化进入 Biome-BGC 模型，并运用同化后的 LAI 对哈佛森林地区的碳水通量进行模拟，使模拟精度得到提高；李喜佳等（2014）运用双集合卡尔曼滤波分别对农作物、高草地和落叶阔叶林的 LAI 进行同化，同化后的 LAI 符合植被变化规律；毕海芸等（2014）利用残差重采样粒子滤波算法对土壤水分进行估算，并对水力 3 个参数进行优化，大幅度提高了土壤水力的估算精度；Jiang 等（2017）利用粒子滤波同化 LAI 来估算冬小麦产量，提高了站点和区域上的冬小麦产量的估算精度；Li 等（2015）利用粒子滤波将不同时间尺度 LAI 同化到环境资源综合作物模型中估计小麦产量，提高了模型对小麦产量的预测精度；解毅等（2015）利用四维变分同化和集合卡尔曼滤波分别对单点和区域上的 LAI 进行同化来估算冬小麦产量，同化结果更符合冬小麦 LAI 的变化规律；Zhang 等（2016）利用集合卡尔曼滤波和无迹卡尔曼滤波对两个通量站点的 LAI 进行同化，同化结果能够提高碳通量和蒸散量的模拟精度，降低误差。

1.3　竹林资源概况

竹子是多年生禾本科竹亚科（Bambusoideae）植物，全世界竹类植物约有 150 属 1225 种，广泛分布于南纬 55°至北纬 37°之间的热带和亚热带地区。世界竹林总面积为 3185 万公顷，因此竹林被称为"世界第二大森林"。中国地处世界竹子分布的中心，是世界上最主要的产竹国，自然分布于东起台湾、西至西藏、南起海南、北至辽宁的广阔区域，集中分布于长江以南的 15 个省市区（周国模 等，2017）。截至第九次国家森林资源清查（2014～2018 年），中国竹林面积已达 641 万公顷，占世界竹林总面积的 20%左右。

竹林固碳能力强大，其碳汇功能在国内外得到普遍认可（杜华强 等，2012；周国模 等，2017）。2018 年 6 月 25 日，首届世界竹藤大会在北京开幕，国务院总理李克强在贺信中指出，竹藤资源在消除贫困和改善民生、发展绿色经济、应对气候变化等方面发挥着独特作用。由于竹林在林业应对气候变化中的作用愈加凸显，因此越来越受到国际社会的广泛关注。

1.4　小　　结

遥感技术是当前乃至未来森林碳汇研究的重要手段。牛铮等（2008）将国际上利用遥感技术进行碳储量监测和碳循环研究分为两个阶段。

1）解译遥感图像获取地表类型，即通过遥感数据获取全球或区域性植被分类图、土地覆盖/土地利用图，然后在地面实测各类别碳储量或碳通量特征的基础上获取全球或区域的地表碳素分布图，或者用各类别面积与相应的单位面积碳储量/碳通量相乘得到碳总量。该方法简单，但其仅将遥感数据定位分类而不参与碳储量模型和碳循环模型的构建，将遥感和地面割裂为互不相关的两个部分。

2）通过遥感定量提取地表生物物理化学特征，作为输入量参与碳储量模型和碳循环模型的构建，利用遥感技术探测地表的各种电磁波特征来改造模型，使相关模型从初始时就具有遥感定量估算基础，形成易于推广且能够从空间环境直接探测的遥感模型，然后结合地理信息系统和空间数据库，从而得到碳储量或碳通量分布特征。这一研究思路正在被国际上越来越多的学者接受，并成为碳储量和碳循环研究的热点。

综上所述可见森林参数遥感反演在碳循环研究中的重要作用。我们在《竹林生物量碳储量遥感定量估算》一书中详细地介绍了竹林生物量碳储量遥感定量估算方法，在明确了该估算方法之后，竹林参数高精度反演就成为研究竹林碳循环时空演变及形成机制的关键。因此，本书以毛竹林和雷竹林为例，采用地面光谱数据、SPOT 和 Landsat 等中高分辨率遥感数据以及 MODIS 粗分辨率遥感数据，利用统计模型、几何光学模型和混合模型以及数据同化技术等方法反演净光合速率、叶绿素含量、LAI 和冠层郁闭度等竹林参数，并将 LAI 等参数应用于竹林生态系统碳循环模拟，为构建"地面观测-遥感技术-生态模型"一体化的竹林碳汇研究系统奠定基础。

参 考 文 献

毕海芸，马建文，秦思娴，等，2014. 基于残差重采样粒子滤波的土壤水分估算和水力参数同步优化[J]. 中国科学：地球科学，44(5): 1002.

杜华强，周国模，徐小军，2012. 竹林生物量碳储量遥感定量估算[M]. 北京：科学出版社.

李喜佳，肖志强，王锦地，等，2014. 双集合卡尔曼滤波估算时间序列 LAI [J]. 遥感学报，18(1): 27-44.

李新，黄春林，车涛，等，2007. 中国陆面数据同化系统研究的进展与前瞻[J]. 自然科学进展，17(2): 163-173.

李渊，2014. 基于数据同化的太湖叶绿素浓度遥感估算[D]. 南京：南京师范大学.

梁顺林，2009. 定量遥感[M]. 范闻捷，等译. 北京：科学出版社.

马建文，秦思娴，2012. 数据同化算法研究现状综述[J]. 地球科学进展，27(7): 747-757.

牛铮，王长耀，等，2008. 碳循环遥感基础与应用[M]. 北京：科学出版社.

唐世浩，朱启疆，孙睿，2006. 基于方向反射率的大尺度叶面积指数反演算法及其验证[J]. 自然科学进展，16(3): 331-337.

王东伟，王锦地，梁顺林，2010. 作物生长模型同化 MODIS 反射率方法提取作物叶面积指数[J]. 中国科学：地球科学(1): 73-83.

解毅，王鹏新，刘峻明，等，2015. 基于四维变分和集合卡尔曼滤波同化方法的冬小麦单产估测[J]. 农业工程学报，31(1): 187-195.

张廷龙，孙睿，张荣华，等，2013. 基于数据同化的哈佛森林地区水、碳通量模拟[J]. 应用生态学报，24(10):

2746-2754.

周国模，姜培坤，杜华强，等，2017. 竹林生态系统碳汇计测与增汇技术[M]. 北京：科学出版社.

GU J, LI X, HUANG C, et al., 2009. A simplified data assimilation method for reconstructing time-series MODIS NDVI data [J]. Advances in Space Research, 44(4): 501-509.

JACQUEMOUD S, 1993. Inversion of the PROSPECT + SAIL canopy reflectance model from AVIRIS equivalent spectra: the oretical study [J]. Remote Sensing of Environment, 44(2-3): 281-292.

JIANG Z, CHEN Z, CHEN J, et al., 2017. Application of crop model data assimilation with a particle filter for estimating regional winter wheat yields [J]. IEEE Journal of Selected Topics in Applied Earth Observations & Remote Sensing, 7(11): 4422-4431.

LI H, CHEN Z, WU W, et al., 2015. Crop model data assimilation with particle filter for yield prediction using leaf area index of different temporal scales[C]. Proceedings of the Fourth International Conference on Agro-Geoinformatics. Istanbul: IEEE:401-406.

LI X, STRAHLER A H,1985. Geometrical-optical modelling of a conifer forest canopy[J]. IEEE Transactions on Geoscience & Remote Sensing, 23(5):705-721.

LI X, STRAHLER A H, 1986. Geometric-optical bidirectional reflectance modeling of a conifer forest canopy [J]. IEEE Transactions on Geoscience & Remote Sensing, 24(6): 906-919.

LI X, XIAO Z, WANG J, et al., 2014. Dual Ensemble Kalman filter assimilation method for estimating time series LAI [J]. Journal of Remote Sensing, 18(1): 27-44.

MCLAUGHLIN D, MILLER C T, PARLANGE M B, et al., 2003. An integrated approach to hydrologic data assimilation: interpolation, smoothing, and filtering [J]. Advances in Water Resources, 25(8): 1275-1286.

MIINA R, 2005. Retrieval of leaf area index for a coniferous forest by inverting a forest reflectance model [J]. Remote Sensing of Environment, 99(3): 295-303.

MORADKHANI H, SOROOSHIAN S, GUPTA H V, et al., 2005. Dual state-parameter estimation of hydrological models using Ensemble Kalman filter [J]. Advances in Water Resources, 28(2): 135-147.

QI J, KERR Y H, MORAN M S, et al., 2000. Leaf area index estimates using remotely sensed data and BRDF models in a semiarid region [J]. Remote Sensing of Environment, 73(1): 18-30.

QUAIFE T, LEWIS P, KAUWE M D, et al., 2008. Assimilating canopy reflectance data into an ecosystem model with an Ensemble Kalman filter [J]. Remote Sensing of Environment, 112(4): 1347-1364.

RASMUS H, BOEGH E, 2008. Mapping leaf chlorophyll and leaf area index using inverse and forward canopy reflectance modeling and SPOT reflectance data [J]. Remote Sensing of Environment, 112(1): 186-202.

TURNER D P, COHEN W B, KENNEDY R E, et al., 1999. Relationships between leaf area index and Landsat TM spectral vegetation indices across three temperate zone sites [J]. Remote Sensing of Environment, 70(1): 52-68.

WOLTER P T, TOWNSEND P A, STURTEVANT B R, 2009. Estimation of forest structural parameters using 5 and 10meter SPOT-5 satellite data [J]. Remote Sensing of Environment, 113(9): 2019-2036.

WYLIE B K, MEYER D J, TIESZEN L L, et al., 2002. Satellite mapping of surface biophysical parameters at the biome scale over the North American grasslands : a case study [J]. Remote Sensing of Environment, 79(2): 266-278.

XIAO Z, LIANG S, WANG J, et al., 2011. Real-time retrieval of Leaf Area Index from MODIS time series data [J]. Remote Sensing of Environment, 115(1): 97-106.

ZENG Y, SCHAEPMAN M E, WU B, et al., 2009. Quantitative forest canopy structure assessment using an inverted geometric-optical model and up-scaling [J]. International Journal of Remote Sensing, 30(6): 1385-1406.

ZHANG T L, RUI S, PENG C H, et al., 2016. Integrating a model with remote sensing observations by a data assimilation approach to improve the model simulation accuracy of carbon flux and evapotranspiration at two flux sites [J]. Science China Earth Sciences, 59(2): 337-348.

第2章　毛竹叶片净光合速率反演

2.1　引　言

光合作用是植物质生产的基础，也是森林生态系统碳循环的重要环节（夏江宝 等，2010）。净光合速率（net photosynthetic rate，P_n）是指光合作用积累的总量减去呼吸作用消耗的量，其变化特征对表征植被对环境条件的适应性具有重要作用（贾小丽 等，2012；王朝英 等，2013）。毛竹具有"爆发式生长"（日生长量可达 30~100cm），以及明显的"大年出笋"和"小年换叶"等特殊的物候现象。毛竹叶片的光合特征及其对环境变化的生理生态响应方面已有相关研究。例如，林琼影等（2008）分析了冬季自然条件下毛竹叶片的气体交换特征，分析结果表明，在冬季自然低温条件下毛竹叶片仍然具有光合能力，其 P_n 的日变化曲线呈单峰曲线，未出现"光合午休"现象；张利阳等（2011）研究了毛竹光合生理特征对气候变化的短期响应，研究结果表明，大气中 CO_2 浓度升高会使毛竹净光合作用在一定时期内上升，然而随着大气中 CO_2 浓度持续升高，一旦形成高温干燥的气候条件，毛竹的气孔灵敏度及核酮糖二磷酸羧化酶（ribulose bisphosphate carboxylase oxygenase，Rubisco）的活性范围将成为毛竹净光合作用的限制因子。上述这些研究为揭示毛竹林的光合固碳特征及其对气候变化的响应奠定了理论基础。

如何快速反演植被理化参数是近年来国内外生物科学领域的研究热点。随着高光谱遥感技术的快速发展，根据植被光谱特征构建植被指数模型来反演植被生理生化参数等的研究取得很大进展（刘良云，2014）。例如，Gamon 等（1997）利用光化学反射指数（photochemical reflectance index，PRI）对植被光合速率、光能利用效率进行估算，其结果表明通过高光谱遥感信息反演植被生理参数是可行的；李丙智等（2010）通过分析苹果树叶片全氮含量与高光谱反射率、导数光谱以及光谱特征参数之间的关系，建立了叶片全氮含量定量反演模型，并最终筛选确定 723nm 处的光谱反射率作为最佳预测模型反演叶片全氮含量；王珊珊等（2014）分析了柽柳（*Tamarix ramosissima*）反射光谱指数与蒸腾速率之间的关系，确定了监测柽柳蒸腾速率的最佳光谱指数，其结果对研究柽柳蒸腾量日变化过程具有参考意义。以往的反演方法大多是利用原始光谱或导数光谱等建立模型反演生化参数。叶片内部生化元素对光的吸收、反射特征在高光谱反射曲线上表现为不同的吸收谷和反射峰，而且这些反射特征具有尺度特性（陈刚 等，2010），然而传统的光谱植被指数很少考虑反射光谱在不同尺度上信息的差异。

小波分析是对一个函数在空间和时间上进行局部分解的一种数学变换，它通过对母小波的平移和缩放尺度获得信号的时间特性和频率特性，这种时域和频域分解方法使得小波变换具有多分辨率分析功能。可以采用小波分析法对植被反射光谱进行多尺度分解，获取不同尺度上的信号特征，并搜索最佳子信号来预测植被的各种理化成分含量（宋开山 等，2006；宋开山 等，2008）。例如，Blackburn 等（2008）利用植被的高光谱图像提取植被信息，采用小波分析法反演植被叶绿素含量，并指出采用小波分析法的叶绿素含量反演精度明显高于传统的光谱植被指数法。目前，虽然根据植被光谱特征构建植被指数模型来反演植被生化参数（叶片水含量、叶绿素含量和含氮量等）的研究较多，但是对利用小波变换结果寻找与植物光合特性相关的植被指数的研究却鲜有报道。本研究在对毛竹叶片光合日变化及其反射光谱同步监测的基础上，对叶片反射光谱进行小波变换并计算小波植被指数，然后在此基础上寻找与 P_n 相关性较好的植被指数构建反演模型，以实现毛竹叶片 P_n 的精确反演。

2.2 研究方法

2.2.1 研究区概况及试验设计

研究区位于浙江省安吉县山川乡毛竹林碳汇研究基地，该基地内建有毛竹林碳通量观测塔，以碳通量观测塔为中心的1000m范围内的主要森林类型为毛竹林。碳通量观测塔采用开路涡度相关测量系统测定毛竹林生态系统与大气之间 CO_2 等湍流通量，该观测塔总高为40m，探头安装在距离地面38m的高度上，约为植被冠层高度的3倍。借助于碳通量观测塔的高度，我们于2014年9月在其旁边选择1株健康毛竹作为样竹，在样竹冠层的上中下三层设置3组叶片样本并在每组叶片样本上进行编号，然后，在 6:30～16:30，每间隔约0.5h对3组叶片样本的净光合速率和叶片反射光谱进行1次测量，共计测量20次。

2.2.2 叶片 P_n 测量

净光合速率（P_n）利用 LCPro-SD 智能型便携式光合作用测定仪测量。在测定 P_n 时，同步记录蒸腾速率（transpiration rate, T_r, mmol·m^{-2}·s^{-1}）、胞间 CO_2 浓度（intercellular CO_2 concentration, C_i, mmol·m^{-2}·s^{-1}）、光合有效辐射（photosynthetically active radiation, PAR, μmol·m^{-2}·s^{-1}）、叶片温度等光合生理生态指标。每次测量时，从每层取两个叶片铺满叶室进行测量，为了保证测量数据的稳定性，每次读取待测植株叶片的10个 P_n 值，并取其平均值作为本次测量结果。由测量得到的毛竹叶片 P_n 日变化及其拟合曲线。一般植被光合日变化呈双峰曲线或单峰曲线。与冬季毛竹叶片 P_n 日变化呈单峰曲线不同（林琼影 等，2008），本次研究在秋夏之交

测量得到的毛竹叶片 P_n 日变化具有明显的双峰特征，其中，第一个高峰出现在
10:00 左右，第二个高峰出现在 15:30 左右，如图 2.1 所示。

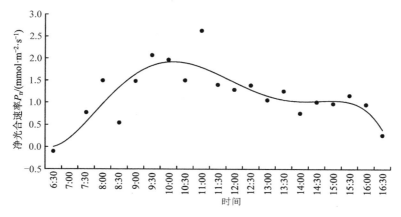

图 2.1　毛竹叶片 P_n 日变化及其拟合曲线

2.2.3　叶片反射光谱测定

在 P_n 测量结束后，利用便携式野外光谱测量仪（analytical spectral device，ASD）
测量叶片样本的光谱反射率。ASD 光谱仪的波段范围为 350～2500nm，其中在
350～1000nm 波段光谱分辨率为 3nm，光谱采样间隔为 1.4nm；在 1000～2500nm
波段光谱分辨率为 10nm，光谱采样间隔为 2nm；扫描时间为 100ms；波长精度为
±1nm；标准参考板为四氟聚乙烯标准白板；另外，ASD 带有内置光源，能够保证
不同样本测量的可比性。每组叶片测量在 1min 内完成。每次测量之前都要进行参
考板测量和自动优化，以减小光谱数据误差，测量时仪器自动获取同一叶片 10 组
光谱数据，取其平均值作为本次测量结果。毛竹叶片光谱反射率曲线如图 2.2 所示。

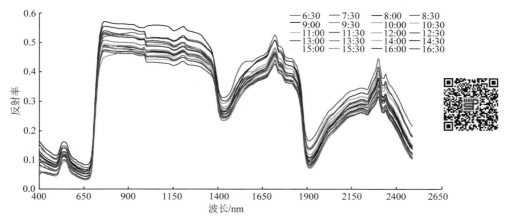

图 2.2　毛竹叶片光谱反射率曲线

2.2.4   光谱小波变换及分解层次选择

小波变换可以将信号分解为高频信号和低频信号，其中低频信号反映信号的总体特征，高频信号反映信号的细节特征。3 层小波分解示意图如图 2.3 所示。通过小波分解，最终将原始信号 S 分解为 1 个低频系数分量 cA_3 和 3 个高频系数分量 cD_3、cD_2、cD_1（姚付启 等，2012）。小波分解之后，通过计算各个结点的能量信息，可以获得原始信号经过小波变换后的能量特征向量，该向量可以反映信号在不同尺度上的能量分布（宋开山 等，2006）。

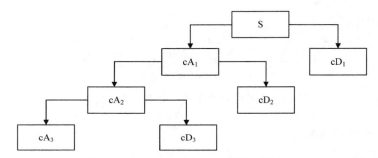

S—原始信号 original spectrum；cA_1、cA_2、cA_3—低频系数分量 low frequency components；

cD_1、cD_2、cD_3—高频系数分量 high frequency components。

图 2.3   3 层小波分解示意图

利用 Matlab 软件自带的 Bior 1.5 小波基函数分别对 20 组反射光谱数据进行小波变换，如何选择小波分解层数是小波变换的关键。本研究的策略是首先对原始光谱信息进行 6 层分解，然后借鉴李军等（2007）提出的基于相关系数确定最佳小波分解层次的方法，通过分析各层高频小波系数与 P_n 之间的相关关系，从而确定最佳小波分解层次。

2.2.5   植被指数及 P_n 反演

构建高光谱植被指数模型来反演植被叶片的生理生化参数是目前最常用的森林参数反演方法（Wang 等，2012；Li 等，2013）。本研究选择原始光谱反射率（original spectrum reflectance，REF）、归一化植被指数（NDVI）、差值植被指数（difference vegetation index，D）和简单比值植被指数（SR）4 类光谱植被指数用于建立毛竹叶片 P_n 反演模型。在最佳分解层次上对原始光谱反射率进行小波分解，由对应于上述 4 类光谱植被指数的低频分量或高频分量计算小波植被指数，小波变换后的光谱反射率、归一化小波植被指数、差值小波植被指数和简单比值小波植被指数分别表示为 REF_w、$NDVI_w$、D_w 和 SR_w。植被指数的计算公式见表 2.1。

表 2.1　植被指数的计算公式

光谱植被指数	小波植被指数
$REF = R_i$	$REF_w = wR_i$
$D = R_i - R_j$	$D_w = wR_i - wR_j$
$SR = \dfrac{R_i}{R_j}$	$SR_w = \dfrac{wR_i}{wR_j}$
$NDVI = \dfrac{R_i - R_j}{R_i + R_j}$	$NDVI_w = \dfrac{wR_i - wR_j}{wR_i + wR_j}$

注：R_i、R_j——分别表示第 i 波段反射率、第 j 波段反射率（$i \neq j$）；wR——小波分解后重构得到的低频分量或高频分量；REF——原始光谱反射率；D——差值植被指数；SR——简单比值植被指数；NDVI——归一化植被指数；REF_w——小波变换后的光谱反射率；D_w——差值小波植被指数；SR_w——简单比值小波植被指数；$NDVI_w$——归一化小波植被指数。

反演 P_n 时，首先根据表 2.1 分别以低频分量和高频分量计算 4 类小波植被指数；然后分析每个分量中每个植被指数与 P_n 之间的相关性，根据相关系数（R^2）最大、均方根误差（root mean square error，RMSE）最小的原则确定该植被指数对应的波长（敏感波段），并据此确定每个分解层次上的 4 个最佳小波植被指数；最后选用较好的小波植被指数建立模型来反演毛竹叶片 P_n，并且比较小波植被指数与光谱植被指数反演 P_n 的结果。

2.3　结果与分析

2.3.1　光谱小波变换及最佳分解层数

利用 Bior1.5 小波函数对毛竹叶片光谱曲线进行 6 层分解之后，各层小波分解高频系数与毛竹净光合速率（P_n）之间的相关系数如图 2.4 所示，1～3 层的相关系数高于 4～6 层，并且从第 4 层开始相关系数处于比较稳定的状态且波动较小。因此，本研究确定利用 Bior1.5 小波函数对毛竹叶片光谱曲线进行分解的最佳分解层数为 3 层。

3 层小波分解之后，通过小波系数单支重构得到原始光谱曲线的低频分量（cA_3）和 3 个高频分量（cD_1、cD_2、cD_3）。其中，3 个高频分量在 550～750nm、1200～2000nm 波段及 2400nm 波长附近，光谱信号波动强烈且特征变化明显，凸显出光谱的细节信息；而低频分量 cA_3 的细节信息并没有凸显出来且信号较为平缓，具有明显的植被光谱特征。毛竹反射光谱 3 层小波分解重构得到的低频分量和高频分量如图 2.5 所示。

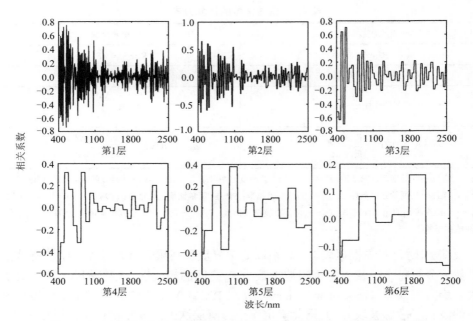

图 2.4　6 层小波分解高频系数与毛竹净光合速率（P_n）之间的相关系数

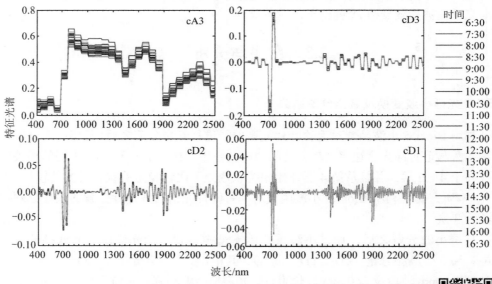

图 2.5　毛竹反射光谱 3 层小波分解重构得到的低频分量和高频分量

2.3.2　小波植被指数及其与 P_n 之间的关系

理想的小波植被指数及其与毛竹叶片 P_n 之间的关系见表 2.2。由表 2.2 可知，

在低频分量 cA_3 中，SR_w 和 $NDVI_w$ 这两个小波植被指数与 P_n 之间的相关性高于其他两个小波植被指数，其相关系数 R^2 分别为 0.53 和 0.54，两个敏感波段均为 680nm 和 920nm。680nm 处于植被反射光谱曲线的红色吸收谷，而 920nm 处于近红外反射肩，说明在低频分量这两个波段能够在一定程度上反映毛竹 P_n 值的变化。对于高频分量，第一层小波分解 cD_1 的 SR_w、$NDVI_w$ 和 D_w 均与 P_n 有较高的相关系数，R^2 约为 0.7，并且 3 个小波植被指数的敏感波段均为 560nm 和 2400nm。随着小波分解层数的增加，第二层 cD_2 和第三层 cD_3 中的 SR_w、$NDVI_w$ 与 P_n 之间的相关性均大幅降低，而 D_w 与 P_n 值的相关系数的降幅相对较小，并且是这两个层次中与 P_n 值相关性最高的小波植被指数，R^2 为 0.61，D_w 能否在不同尺度高频信息中反映 P_n 变化的稳定性还需要进一步分析。cD_2 中 D_w 的两个敏感波段分别为 580nm 和 1600nm，而 cD_3 中 D_w 的两个敏感波段分别为 480nm 和 520nm。

　　总体而言，高频小波植被指数与 P_n 之间的相关性高于低频小波植被指数与 P_n 之间的相关性，并且高频分量小波植被指数的敏感波段波长范围较宽，分布在蓝边、绿峰以及波长更长的红外波段，如 1600nm、2400nm 等，低频分量小波植被指数的敏感波段主要分布在红光吸收谷和近红外肩反射率处，波长范围较窄。

表 2.2　理想的小波植被指数及其与毛竹叶片 P_n 之间的关系

类型	小波植被指数	波长/nm		评价指标			模型（$y=a+bx$）	
		波长 i（λ_i）	波长 j（λ_j）	R^2	RMSE	P	a	b
低频分量 cA_3	小波分解后的光谱反射率 REF_w	400	—	0.34	0.49	0	—	—
	差值小波植被指数 D_w	400	600	0.36	0.48	0	—	—
	简单比值小波植被指数 SR_w	680	920	0.53	0.41	0	16.58	−26.38
	归一化小波植被指数 $NDVI_w$	680	920	0.54	0.41	0	−7.61	−33.41
高频分量 cD_3	小波分解后的光谱反射率 REF_w	520	—	0.49	0.43	0	—	—
	差值小波植被指数 D_w	480	520	0.61	0.38	0	5.02	190.36
	简单比值小波植被指数 SR_w	520	2280	0.43	0.46	0	—	—
	归一化小波植被指数 $NDVI_w$	520	2280	0.44	0.45	0	—	—
高频分量 cD_2	小波分解后的光谱反射率 REF_w	440	—	0.41	0.46	0	—	—
	差值小波植被指数 D_w	580	1600	0.61	0.38	0	7	694.53

续表

类型	小波植被指数	波长/nm		评价指标			模型（$y=a+bx$）	
		波长 i（λ_i）	波长 j（λ_j）	R^2	RMSE	P	a	b
高频分量 cD_2	简单比值小波植被指数 SR_w	640	1040	0.45	0.45	0	—	—
	归一化小波植被指数 $NDVI_w$	560	2160	0.46	0.45	0	—	—
高频分量 cD_1	小波分解后的光谱反射率 REF_w	540	—	0.54	0.41	0	—	—
	差值小波植被指数 D_w	560	2400	0.69	0.34	0	4.04	−887.95
	简单比值小波植被指数 SR_w	560	2400	0.7	0.33	0	8.16	−4.46
	归一化小波植被指数 $NDVI_w$	560	2400	0.7	0.33	0	4.38	−14.68

2.3.3 毛竹叶片 P_n 反演结果

1. 基于单一小波植被指数反演结果

选择低频分量 cA_3 中的 SR_w 和 $NDVI_w$、高频分量 cD_1 中的 SR_w、$NDVI_w$ 和 D_w 以及高频分量 cD_2 和 cD_3 中的 D_w 作为理想的小波植被指数，分别建立模型反演毛竹叶片 P_n。基于小波植被指数反演的 P_n 值与实测值之间的关系，如图 2.6 所示。由图 2.6 和表 2.2 可知，低频分量小波植被指数反演得到的 P_n 值的 RMSE 较大，而高频部分尤其是 cD_1 的 3 个小波植被指数反演得到的 P_n 值与实测 P_n 值之间具有较好的相关关系，RMSE 降低为 0.33。

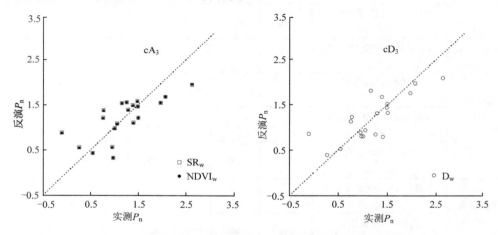

图 2.6　基于小波植被指数反演的 P_n 值与实测值之间的关系

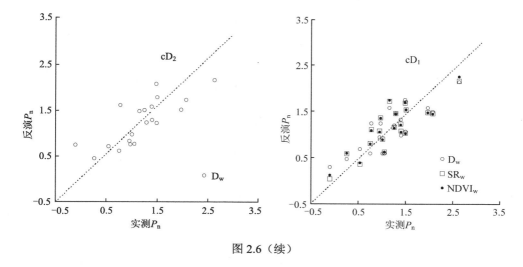

图 2.6（续）

2. 综合多尺度小波植被指数反演结果

毛竹叶片反射率经过小波变换之后，通过 3 层小波分解，在其低频部分和高频部分的不同分解尺度上均能得到与 P_n 相关关系较好的植被指数，多分辨率分析也正是小波变换的优点。为此，在综合 3 个不同分解尺度上的低频分量（cA_3）和高频分量（cD_3、cD_2、cD_1）中 7 个理想小波植被指数的基础上，构建多元线性模型反演 P_n。构建的多元线性模型为

$$P_n = 13.456 - 5.804SR_{wcA_3} + 51.530D_{wcD_3} + 61.201D_{wcD_2}$$
$$- 21.933D_{wcD_1} - 6.340SR_{wcD_1} + 12.110NDVI_{wcD_1} \qquad （2-1）$$

式中，SR_{wcA_3}、SR_{wcD_1} 分别表示由低频分量 cA_3 和高频分量 cD_1 构建的简单比值植被指数；D_{wcD_3}、D_{wcD_2}、D_{wcD_1} 分别表示由高频分量 cD_3、cD_2、cD_1 构建的差值植被指数；$NDVI_{wcD1}$ 表示由高频分量 cD_1 构建的归一化植被指数。由于 SR_{wcA_3} 和 $NDVI_{wcA_3}$ 之间具有强烈的共线关系，因此删除后者。

基于小波植被指数和光谱植被指数的多元线性模型反演 P_n 与实测值之间的关系如图 2.7（a）、（b）所示。由图 2.7 可知，基于多元线性模型反演的 P_n 与实测 P_n 之间呈非常显著相关关系（$P<0.01$），R^2 为 0.774，RMSE 降低为 0.287，其反演精度明显高于基于单一小波植被指数的反演结果。基于光谱植被指数构建的多元线性模型[式（2-2）]反演的 P_n 与实测 P_n 的 R^2 为 0.655，RMSE 为 0.355，反演精度低于小波植被指数综合反演结果，其 RMSE 增幅约 24%，相关性降低了 15%。

$$P_n = 4.699 - 4.269REF - 165.197D - 53.656NDVI \qquad （2-2）$$

式中，REF 为原始光谱反射率；D 为原始光谱构建的差值植被指数；NDVI 为原始光谱构建的归一化植被指数。

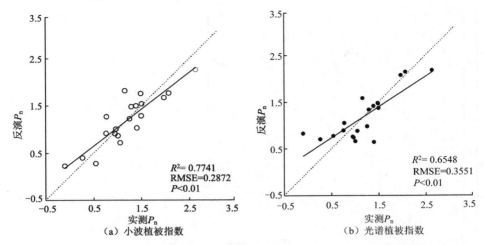

图 2.7 基于小波植被指数和光谱植被指数的多元线性模型反演 P_n 与实测值之间的关系

**$P<0.01$，下同

3. 小波植被指数与光谱植被指数反演结果的比较

光谱植被指数与毛竹叶片 P_n 之间的关系见表 2.3。毛竹叶片 P_n 与原始光谱反射率的相关系数（R^2）随波长的变化如图 2.8 所示。由表 2.3 和图 2.8 可知，差值植被指数（D）与 P_n 的相关性最大，R^2 为 0.57，两个敏感波段分别为 540nm 和 560nm；NDVI、SR 与 P_n 的相关性一致；在原始光谱各波段中，540nm 处的光谱反射率（REF）与 P_n 的相关性最高，但相关指数均低于其他 3 个植被指数。

表 2.3 光谱植被指数与毛竹叶片 P_n 之间的关系

光谱植被指数	波长/nm		评价指标			模型（$y=a+bx$）	
	波长 1（λ_1）	波长 2（λ_2）	R^2	RMSE	P	a	b
光谱反射率 REF	540	—	0.35	0.49	0	3.73	−20.27
差值植被指数 D	540	560	0.57	0.40	0	6.05	−318.98
简单比值植被指数 SR	480	490	0.54	0.41	0	51.65	−49.6
归一化植被指数 NDVI	480	490	0.54	0.41	0	2.04	−100.3

对比表 2.3 和表 2.2 发现，经小波变换后低频部分小波植被指数与 P_n 之间的关系没有多大改善，而高频部分小波植被指数（cD_1 的 SR_w、$NDVI_w$ 等）与 P_n 之间的相关指数却提高至 0.7，说明经小波变换后高频部分充分挖掘出不同尺度上光

谱的细节信息，从而提高了毛竹叶片 P_n 的反演精度。此外，4 个最佳光谱植被指数的波长主要集中于蓝光和绿光两个可见光波长范围，而经小波变换后最佳植被指数的波长扩展到红光、近红外等波长更长的波段范围，说明植被反射光谱探测 P_n 的能力通过小波变换增强了，使一些在空间域中难以表现的信息在频率域中得以凸显，这也正是小波变换作为"数学显微镜"的优势所在。

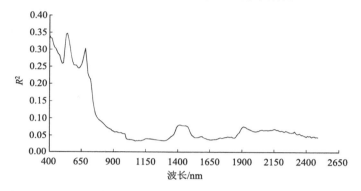

图 2.8　毛竹叶片 P_n 与原始光谱反射率的相关系数（R^2）随波长的变化

2.4　讨　　论

由理想的高频小波植被指数反演得到的毛竹叶片 P_n 精度高于由低频小波植被指数反演得到的毛竹叶片 P_n 精度。植被反射光谱特性是对叶片的细胞结构、色素含量和叶面积指数等生化参数的综合响应，并且随着植物生理机能的变化而变化（汤旭光 等，2011）。光谱经过小波分解之后，原始光谱更多波段的细节信息得以在高频部分凸显（图 2.5），并且这些小波信号在表征局部波段的信息上较光谱植被指数更为稳定（Rivard et al.，2008），这也正是高频分量小波植被指数具有较高 P_n 反演精度的重要原因。小波低频分量尽管保留了毛竹叶片的光谱特性，但其分辨率却大大降低，加之原始光谱各波段反射率与 P_n 之间的相关性本来就较低，R^2 在 0～0.35（图 2.8），因此使得低频小波植被指数与 P_n 之间的相关关系较低。另外，光谱经小波变换后的低频分量实际是分辨率降低后的植被光谱，其表征光谱峰谷特征的细节信息又大多被分解到高频部分，这也是低频小波植被指数与 P_n 之间的相关性低于光谱植被指数与 P_n 之间的相关性的原因。

随着分解层数的增加，在高频部分第一层的 $NDVI_w$、SR_w 和 D_w 3 个较为理想的小波植被指数中，$NDVI_w$、SR_w 与 P_n 之间的相关关系降幅较大，降幅约为 40%，而 D_w 与 P_n 之间的相关关系降幅仅约为 11%。对于 SR_w、$NDVI_w$ 与 P_n 之间相关关系大幅降低的原因可以通过 NDVI 与 SR 之间的关系加以解释，即 NDVI 与 SR 之间的非线性关系会导致 NDVI 饱和，进而影响其解译森林参数的能力（Du et al.，

2010）。3 个高频分量中 $NDVI_w$ 与其相应的 SR_w 之间的关系如图 2.9 所示，cD_1 中 NDVI 与 SR 为线性关系，而 cD_2 和 cD_3 中 NDVI 与 SR 均为非线性关系，即随着 SR 的增加，NDVI 趋向于饱和，从而使得 cD_2 和 cD_3 中 NDVI 解译毛竹叶片 P_n 的能力受到限制。与 NDVI 和 SR 不同，差值植被指数（D）本质上是不同波段之间的差分，它不但能够表征光谱中的细节，还能在一定程度上凸显更多的植被光谱信息，加之小波变换高频分量本身就能够表征光谱的细节特征，因此可以认为 D_w 是细节信息中的细节，因而其在不同分解层次上解释毛竹叶片 P_n 的能力较强。另外，光谱植被指数中 D 与 P_n 之间具有最大的相关关系也从另一个角度说明了它解译 P_n 的优势。

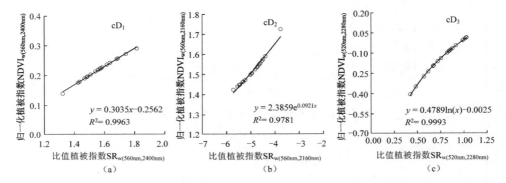

图 2.9   3 个高频分量中 $NDVI_w$ 与其相应的 SR_w 之间的关系

光谱植被指数反演毛竹叶片 P_n 的敏感波段仅局限于可见光波段，而经小波变换后植被指数的敏感波段包含了从可见光到近红外更多的波段，波段数的增加和波长范围的扩大进一步说明了小波变换在提取光谱细节信息及反演毛竹叶片 P_n 中的重要作用。

1）可见光部分的绿峰、红色吸收谷等特征在表征或者反演植被生化参数上得到国内外的广泛应用（杜华强 等，2009），因此无论是光谱植被指数还是小波植被指数，都将可见光范围内的特征波段作为反演 P_n 的敏感波段。

2）当波长大于 1000nm 时，光谱辐射被植物吸收后大部分转化为热能，从而影响植被的温度和蒸腾作用，尤其是在 1350nm、1850nm 和 2400nm 附近，植被的水含量、干物质的量以及光照与温度的变化对光合速率的影响较为显著（Ceccato et al.，2002；Garbulsky et al.，2011）。本次研究高频信息 cD_1 中反演 P_n 较好的 3 个小波植被指数 SR_w、$NDVI_w$ 和 D_w 的敏感波段均包含 2400nm，而 cD_2 和 cD_3 中包含了 1600nm、2160nm、2280nm 等敏感波段，可见小波变换探测毛竹叶片 P_n 在敏感波段的优势。

3）在红外波段，小波系数仍与 P_n 具有一定的相关性，而原始光谱反射率与 P_n 之间的相关性接近于 0，说明小波分析不但能够提取数据的细节信息，还具有去除噪声的功能（杜华强 等，2009）。本研究通过小波系数单支重构得到原始光谱曲线的低频分量和 3 个高频分量，重构的小波能够在一定程度上去除光谱的噪声，之所以光谱植被指数未能探测到这些与 P_n 敏感的红外波段，是因为小波变换后减少了原始光谱的噪声，从而使这些波段的细节信息充分凸显，增强其与 P_n 之间的相关性。

基于小波植被指数构建的多元线性模型反演得到的毛竹叶片 P_n 精度显著高于基于光谱植被指数构建的多元线性模型反演得到的毛竹叶片 P_n 精度。一方面，光谱经小波变换后与毛竹叶片 P_n 的敏感波长范围扩大，其意味着可用于解译 P_n 的变量增多，从而使模型的性能增强；另一方面，小波变换后的信息中包含了不同分辨率、不同尺度的光谱特征。因此，基于小波变换的多元线性模型是一个综合多尺度、多分辨率数据的反演模型，相对于单一尺度和单一分辨率的光谱模型而言，小波模型更能从不同侧面反映毛竹叶片 P_n 的变化信息。

目前可供选择的小波函数有很多种，包括 Haar 小波、Daubechies 小波系、Symlets 小波系、Coiflets 小波系和 Bior 小波系等。Blackburn 等（2008）对 53 个小波函数进行分析，并选择 Bior1.3 和 rbior5.5 两个小波函数反演叶绿素含量；陈红艳等（2011）利用 Bior1.3 小波函数对土壤光谱进行分解，研究了土壤有机质的光谱特征。本研究选择 Bior1.5 小波函数对原始光谱进行 3 层小波变换，经小波变换后，基于小波植被指数构建的多元线性模型不仅能够很好地反演毛竹叶片 P_n，而且该模型反演精度整体高于基于原始光谱植被指数构建的多元线性模型反演精度。在今后的相关研究中，可以根据研究需要预选多种小波函数，并根据本次研究提供的思路选择更好的小波函数进行植被参数反演。

2.5　小　　结

本章在对毛竹叶片高光谱反射数据进行 3 层小波变换的基础上，分别在不同尺度上构建小波植被指数，并选择理想的小波植被指数用于毛竹叶片 P_n 的反演，同时对比分析了小波植被指数与光谱植被指数反演 P_n 的结果。分析结果表明，由理想的高频小波植被指数反演得到的 P_n 精度高于由低频小波植被指数和光谱植被指数反演得到的 P_n 精度，其中由第一层高频系数构建的 $NDVI_w$、SR_w 和 D_w 3 个小波植被指数与 P_n 之间的相关性最好，R^2 达到 0.7。由于小波分解后的低频分量是分辨率降低后的毛竹叶片光谱，加之叶片光谱反射率与 P_n 之间的相关关系较低，因此使得低频小波植被指数反演 P_n 的精度略低于光谱植被指数反演 P_n 的精度。由各层理想小波植被指数构建的多元线性模型反演得到 P_n 与实测 P_n 之间呈非常显著相关关系，R^2 为 0.774，RMSE 为 0.287，并且其反演精度明显高于基于光谱植被指数构建的多元线性模型的反演精度。与光谱植被指数反演毛竹叶片 P_n 的敏感波段仅局限于可见光波段相比较，小波植被指数的敏感波长范围更广，包含了可见光、近红外以及波长更长的红外波段，即小波变换能够发现更多反映毛竹叶片 P_n 的光谱特征，这些敏感波段能够较好地监测和记录 P_n 的变化过程，有益于揭示光谱指数的物理机制和生理机制。

参 考 文 献

陈刚，陈小梅，李婷，等，2010. 基于小波分解的光谱特征提取算法研究[J]. 光谱学与光谱分析，30(11): 3027-3030.

陈红艳，赵庚星，李希灿，等，2011. 基于小波变换的土壤有机质含量高光谱估测术[J]. 应用生态学报，22(11): 2935-2942.

杜华强，葛宏立，范文义，等，2009. 马尾松针叶光谱特征与其叶绿素含量间关系研究[J]. 光谱学与光谱分析，29(11): 3033-3037.

贾小丽，苗利国，林红梅，等，2012. 不同环境下水稻灌浆期净光合速率的动态遗传研究[J]. 中国农学通报，28(18): 31-35.

李丙智，李敏夏，周璇，等，2010. 苹果树叶片全氮含量高光谱估算模型研究[J]. 遥感学报，14(4): 761-773.

李军，李培军，郭建聪，2007. 基于离散小波变换的高光谱特征提取中分解尺度的确定方法[J]. 自然科学进展，17(11): 1500-1508.

林琼影，胡剑，温国胜，等，2008. 天目山毛竹叶冬季光合作用日变化规律[J]. 福建林学院学报，28(1): 61-64.

刘良云，2014. 植被定量遥感原理与应用[M]. 北京：科学出版社.

宋开山，张柏，王宗明，等，2008. 基于小波分析的大豆叶绿素 a 含量高光谱反演模型[J]. 植物生态学报，32(1): 152-160.

宋开山，张柏，王宗明，等，2006. 小波分析在大豆叶绿素含量高光谱反演中的应用[J]. 中国农学通报，22(9): 101-108.

汤旭光，宋开山，刘殿伟，等，2011. 基于可见/近红外反射光谱的大豆叶绿素含量估算方法比较[J]. 光谱学与光谱分析，31(2): 371-374.

王朝英，李昌晓，张晔，2013. 水淹对枫杨幼苗光合生理特征的影响[J]. 应用生态学报，24(3): 675-682.

王珊珊，陈曦，周可法，等，2014. 高光谱指数法用于确定多枝柽柳（*Tamarix ramosissima*）蒸腾速率[J]. 中国沙漠，34(4): 1023-1030.

夏江宝，张光灿，许景伟，等，2010. 干旱胁迫下常春藤净光合速率日变化及其影响因子分析[J]. 水土保持通报，30(3): 78-82.

徐小军，周国模，莫路锋，等，2013. 一种面向下垫面不均一的森林碳通量监测方法[J]. 中国科学：信息科学，43(10): 1342-1352.

姚付启，蔡焕杰，王海江，等，2012. 基于平稳小波变换的冬小麦覆盖度高光谱监测[J]. 农业机械学报，43(3): 173-180.

张利阳，温国胜，张汝民，等，2011. 毛竹光合生理对气候变化的短期响应模拟[J]. 浙江农林大学学报，28(4): 555-561.

BLACKBURN G A, FERWERDA J G, 2008. Retrieval of chlorophyll concentration from leaf reflectance spectra using wavelet analysis[J]. Remote Sensing of Environment, 112(4): 1614-1632.

CECCATO P, GOBRON N, FLASSE S, et al., 2002. Designing a spectral index to estimate vegetation water content from remote sensing data: Part 1: the oretical approach[J]. Remote Sensing of Environment, 82(2-3): 188-197.

DU H Q, CUI R R, ZHOU G M, et al., 2010. The responses of Moso bamboo (*Phyllostachys heterocycla* var. *pubescens*) forest aboveground biomass to Landsat TM spectral reflectance and NDVI[J]. Acta Ecologica Sinica, 30(5): 257-263.

GAMON J A, SERRANO L, SURFUS J S, 1997. The photochemical reflectance index: an optical indicator of photosynthetic radiation use efficiency across species, functional types, and nutrient levels[J]. Oecologia, 112(4):

492-501.

GARBULSKY M F, PE UELAS J, GAMON J, et al., 2011. The photochemical reflectance index (PRI) and the remote sensing of leaf, canopy and ecosystem radiation use efficiencies: a review and meta-analysis[J]. Remote Sensing of Environment, 115(2): 281-297.

LI P, WANG Q, 2013. Developing and validating novel hyperspectral indices for leaf area index estimation: effect of canopy vertical heterogeneity[J]. Ecological Indicators, 32(32): 123-130.

RIVARD B, FENG J, GALLIE A, et al., 2008. Continuous wavelets for the improved use of spectral libraries and hyperspectral data[J]. Remote Sensing of Environment, 112(6): 2850-2862.

WANG Q, LI P H, 2012. Hyperspectral indices for estimating leaf biochemical properties in temperate deciduous forests: comparison of simulated and measured reflectance data sets[J]. Ecological Indicators, 14(1): 56-65.

第 3 章 雷竹叶绿素含量高光谱反演

3.1 引 言

叶绿素在植物生长过程中起着至关重要的作用，其含量变化可为植被生长状况、病理诊断等提供科学依据，而且这种生物化学信息对于研究和理解光合作用、碳氮循环等生态系统过程以及描述和模拟生态系统都十分重要（杜华强 等，2009）。基于遥感定量估测叶绿素等植被生理生化参数也是植被监测的研究重点之一，尤其是高光谱遥感技术在植被监测方面发挥了重要作用，并在近年来的研究中取得很大进展（浦瑞良 等，2000；Zarco et al.，2004；牛铮 等，2008；George et al.，2008；Zou et al.，2011；李明泽 等，2013）。

相对于多光谱遥感而言，高光谱数据在探测植被生物物理参数上更有效（浦瑞良 等，2002；Pu et al.，2003），其连续的光谱曲线更利于获取、识别植被生长状况和反映植被生物物理参数的特征参数以及一些植被指数。例如，植被红边位置（red-edge position，REP）和红边面积、光谱比值、归一化植被指数、叶绿素吸收比指数、三角植被指数等（Merton et al.，1998；Broge，2000；张金恒 等，2003；黄文江 等，2003；Haboudane et al.，2004；张风丽 等，2005；Helmi et al.，2006；黄敬峰 等，2006；吴彤 等，2007；代辉 等，2007；蒋金豹 等，2007；李向阳 等，2007）。Carter（1994）利用 R_{695}/R_{670}、R_{695}/R_{420}、R_{605}/R_{760} 等比值指数研究植株胁迫，研究结果表明，在 760～800nm 光谱区域内任意波段的反射率都可以与 605nm、695nm 或 710nm 波长外的反射率相比产生一个对胁迫敏感的指数。邹晓波（2011）等利用高光谱植被指数对黄瓜叶片叶绿素含量及其在叶片中的分布进行了计算，研究结果表明，位于红边波段范围内的比值植被指数能够很好地估算黄瓜叶片叶绿素含量，如 R_{710}/R_{760}、$(R_{780}-R_{710})/(R_{780}-R_{680})$、$(R_{750}-R_{705})/(R_{750}+R_{705})$ 等；Zarco 等（2005）利用 700～750nm 光谱区域波段反射率构造的高光谱指数估算葡萄叶片的叶绿素含量，取得了很好的效果；Sims 等（2002）在前人研究基础上，对传统的简单比值指数和归一化指数进行改进，提出利用改进型的光谱指数 mSR_{705} 和 mND_{705} 估算树木叶片叶绿素含量，提高了光谱指数在估算叶绿素含量过程中的稳定性；Russell 等（2011）对已有的 73 个植被指数的稳定性进行评价研究，研究结果表明，基于红边位置衍生的植被指数的稳定性最好，并且这些植被指数大多是基于 690～730nm 波长范围内的简单比值或归一化差值。上述这些研究为利用统计模型、光学传输模型等方法反演冠层生物化学参数提供了模型输入参数的选择依据

（张金恒 等，2003；谭昌伟 等，2006）。

　　雷竹（*Phyllostachys violascens*）是一种优良的笋用竹种，具有出笋早、产量高、经济效益好的特点。雷竹笋用林的种植面积不断扩大。另外，竹类植物还具有生长迅速的特征，其生长过程中生化参数的变化对评价其生长状况具有重要的生态意义（陆国富 等，2012）。本章将在对雷竹生长过程中叶片高光谱反射率及其叶绿素含量连续监测的基础上，首先分析雷竹叶绿素含量与高光谱植被指数之间的关系，然后选择适合在雷竹快速生长过程中一直与其叶绿素含量具有较好相关关系的高光谱植被指数，最后建立叶绿素含量反演模型反演雷竹林叶绿素含量。本研究结果可以为雷竹林遥感实时监测以及经营管理提供参考。

3.2　研　究　方　法

3.2.1　研究区概况

　　研究区位于浙江省杭州市临安区（北纬 29°56′～30°23′，东经 118°51′～119°52′），属于中亚热带季风气候区，气候温暖湿润，年平均气温为 16℃，雨量充沛，年降水量超过 1700mm。临安区是中国十大"竹子之乡"之一，也是中国雷竹集中种植的区域。雷竹笋是该区农民的主要经济收入来源之一，并且随着其经济效应的凸显，雷竹的种植面积不断扩大。临安区雷竹林主要分布于临安区东部的 17 个乡镇（董德进 等，2011）。本研究以太湖源镇通量塔周围的雷竹林作为研究对象。

3.2.2　研究方法

1. 雷竹高光谱反射率数据测量

　　选取通量塔附近 400m^2 范围内的 20 株雷竹作为固定观测样本，分别进行编号。在 2011 年 4 月初至 2011 年 7 月中旬期间，每间隔 1 周对 20 株样本重复采样 1 次，共计测量 14 次。

　　高光谱反射率数据利用便携式野外光谱测量仪（ASD）获取。每次测量样本之前都要进行参考板测量和自动优化，测量时仪器自动获取同一叶片 10 组光谱数据。每株雷竹随机取 10 片叶片测量其反射光谱曲线，并取其平均值作为该株雷竹本次测量结果。

2. 叶绿素含量测定

　　利用 CCM-200 手持式叶绿素测定仪测量叶片的相对叶绿素含量（relative chlorophyll content，RCC）。在光谱测量之后，利用 CCM-200 叶绿素测定仪在相应的叶片的基部、中部和尖部 3 个部位重复测量 3 次，取每株雷竹 10 片叶片的平均值作为该株雷竹本次叶绿素含量的测量值。

3. 高光谱植被指数

根据已有参考文献，我们归纳了可用于植被生物物理化学参数估算尤其是叶绿素含量估算的相关指数见表 3.1。这些指数大致包括 5 种类型：①比值型植被指数（第 1 类）。这类植被指数主要依据可见光到近红外波段反射峰谷特征，采用两个波段的比值来反映植被理化参数及其变化，如 SR、GM 等。②差值型植被指数（第 2 类）。这类植被指数主要通过两个或两个以上波段之间的减法运算，得到反映绿色植被信息的相关指标，如双重差值指数 DD 等。③归一化型植被指数（第 3 类）。众所周知，NDVI 是广泛应用于解译植被生长状况且与 LAI、绿色生物量、植被覆盖度以及光合作用有关的一个重要指数（赵英时，2006），它主要通过增加植被在近红外波段范围绿叶的散射与红色波段范围叶绿素吸收的差异，达到解译植被相关信息的目的。这类植被指数大多是对传统 NDVI 进行改进或者根据具体研究目标而重新构造的，如改进的归一化植被指数 mND_{705}、改进的比值植被指数 mSR_{705}、红边归一化植被指数 RENDVI 等。④叶绿素吸收比型植被指数（第 4 类）。植被在 550nm 附近的绿峰和 670nm 附近的红色吸收谷主要反映植被叶绿素的反射和吸收特征，因此这类植被指数大多利用这两个波段的特征来反映叶绿素的变化，如 CARI、TVI 等。⑤反映植被反射光谱峰谷特征指数（第 5 类）。这类植被指数常用于叶绿素含量的估算，如红边位置、绿峰高度等。

表 3.1　可用于叶绿素含量估算的高光谱植被指数

序号	指数	计算公式	意义或说明	参考文献
1	SR	R_{774}/R_{677}	简单比值指数	Zarco et al., 1999
	G	R_{554}/R_{677}	绿度指数	Smith et al., 1995
	lic3	R_{440}/R_{740}	—	Zarco et al., 1999
	SRPI	R_{430}/R_{680}	色素指数，与叶片不同受害状况相关性较好	Penuelas et al., 1995
	PSSRa	R_{800}/R_{680}	色素简化指数，与叶绿素 a、b 存在指数关系	Blackburn et al., 1998
	PSSRb	R_{800}/R_{635}		
	GM	R_{750}/R_{700}	与叶绿素含量线性相关	Gitelson et al., 1997
	Vog3	R_{740}/R_{720}	与叶绿素 a、b 和总叶绿素含量高度相关	Vogelmann et al., 1993
	Carter1	R_{695}/R_{420}	对植被胁迫比较敏感	Carter et al., 1994
	Carter2	R_{695}/R_{760}	对植被胁迫敏感	Carter et al., 1994
	PSSR	R_{810}/R_{674}	色素简化指数	Zarco et al., 1999

续表

序号	指数	计算公式	意义或说明	参考文献
2	DD	$(R_{750}-R_{720})-(R_{700}-R_{670})$	双重差值指数	le Mair et al.，2004
	RVSI	$(R_{714}-R_{752})/2-R_{733}$	红边植被胁迫指数	Zarco et al.，1999
3	NDVI1	$(R_{774}-R_{677})/(R_{774}+R_{677})$	归一化植被指数	Zarco et al.，1999
	NDVI2	$(R_{800}-R_{670})/(R_{800}+R_{670})$		Rouse.et.al.，1974
	mND$_{705}$	$(R_{750}-R_{705})/(R_{750}+R_{705}-2R_{445})$	改进的归一化比值指数	Sims et al.，2002
	mSR$_{705}$	$(R_{750}-R_{445})/(R_{705}+R_{445})$		
	D$_{715}$/D$_{705}$	$(R_{716}-R_{714})/(R_{706}-R_{704})$	与叶绿素 a、b 和总叶绿素含量高度相关	Vogelmann et al.，1993
	NPQI	$(R_{415}-R_{435})/(R_{415}+R_{435})$	对叶片微弱损害非常敏感，可用于早期的胁迫监测	Barnes et al.，1992
	NPCI	$(R_{680}-R_{430})/(R_{680}+R_{430})$	归一化叶绿素比值指数，随着总色素与叶绿素比值而变化变，对植株的物候和生理状态有指示作用	Penuelas et al.，1994
	PRI1	$(R_{531}-R_{570})/(R_{531}+R_{570})$	光化学植被指数，对类胡萝卜素以及叶绿素和类胡萝卜素的比值敏感	Gamon et al.1992
	PRI2	$(R_{550}-R_{531})/(R_{550}+R_{531})$		
	PRI3	$(R_{570}-R_{539})/(R_{570}+R_{539})$		
	lic2	$(R_{800}-R_{680})/(R_{800}+R_{680})$	红光最大吸收谷和近红外最大反射峰之间的反差进行归一化计算	Zarco et al.，1999
	SIPI	$(R_{800}-R_{450})/(R_{800}+R_{450})$	结构不敏感色素指数，能够反映不同样本、不同条件下的胡萝卜素、叶绿素 a 与光谱反射率的关系	Peñuelas et al.，1995
	Vog1	$(R_{734}-R_{747})/(R_{715}+R_{720})$	改进的归一化指数	Zarco et al.，2001
	Vog2	$(R_{734}-R_{747})/(R_{715}+R_{726})$		
	PSND	$(R_{810}-R_{674})/(R_{810}+R_{674})$	归一化比值叶绿素指数	Zarco et al.，1999
	RENDVI	$(R_{780}-R_{680})/(R_{780}+R_{680})$	红边归一化植被指数	李明泽 等，2013
4	mCAI	$\dfrac{R_{545}+R_{752}}{2}\times(752-545)-\sum\limits_{R_{545}}^{R_{752}}R$	叶绿素吸收积分	Rainer et al.，2003
	CARI	$CAR\times\dfrac{1}{R_{670}}$，其中 $CAR=\dfrac{\lvert\alpha\times670+R_{670}+\beta\rvert}{\sqrt{\alpha^2+1}}$ $\alpha=(R_{700}-R_{550})/150\quad\beta=R_{550}-550\alpha$	叶绿素吸收比值指数，CAR 表示 670nm 到以绿光反射峰（550nm）和红光吸收谷（700nm）构成的基线的距离	Broge et al.，2000
	MCARI	$\left[(R_{700}-R_{670})-0.2(R_{700}-R_{550})\dfrac{R_{700}}{R_{670}}\right]$	改进叶绿素吸收比值指数	Daughtry et al.，2000

续表

序号	指数	计算公式	意义或说明	参考文献
4	TCARI	$3\times\left[(R_{700}-R_{670})-0.2(R_{670}-R_{700})\dfrac{R_{700}}{R_{670}}\right]$	转换叶绿素吸收反射指数，在 CARI 的基础上降低背景影响	Haboudane et al., 2002
	TCARI/OSAVI	TCARI 与 OSAVI 的比值。其中，OSAVI 为优化土壤调节植被指数 $OSAVI=1.16\times\dfrac{R_{800}-R_{670}}{R_{800}+R_{670}+0.16}$	降低了指数对 LAI 和背景因素的敏感性	
	MCARI/OSAVI	MCARI 与 OSAVI 的比值		Daughtry et al., 2000
	TVI	$0.5\times[120\times(R_{750}-R_{500})-200\times(R_{670}-R_{550})]$	三角植被指数，由绿光、红光、近红外波段 3 个光谱点连线构成的三角形区域的总面积随叶绿素吸收和近红外反射率增加而增加	Broge et al., 2000
5	REP	$700+40\times(R_{redege}-R_{700})/(R_{740}-R_{700})$ 其中，$R_{redege}=(R_{670}+R_{780})/2$	红边位置	Miller et al., 1990
	HG	$1-\dfrac{R_{500}+\dfrac{R_{670}-R_{500}}{\lambda_{670}-\lambda_{500}}(\lambda_{560}-\lambda_{500})}{R_{560}}$	绿峰反射高度	吴彤 等，2007
	HR	$1-\dfrac{R_{670}}{R_{560}+\dfrac{R_{760}-R_{560}}{\lambda_{760}-\lambda_{560}}(\lambda_{670}-\lambda_{560})}$	红谷吸收深度	吴彤 等，2007
	AR	$\displaystyle\int_{450}^{680}R$	450~680nm 波段反射率下覆盖的面积。当叶绿素含量增加时，绿峰反射增强，面积随着增加，反之则减少	Zarco et al., 1999
	AD	$\displaystyle\int_{680}^{760}D$	红边光谱导数的面积	Zarco et al., 1999

4. 叶绿素含量与植被指数关系及其反演模型构建

依据每次测量的 20 株样竹数据分别计算表 3.1 中各种高光谱植被指数，并分析它们与样竹叶绿素含量之间的皮尔逊（Pearson）相关系数 R。对某次观测，某植被指数与叶绿素含量的皮尔逊相关系数 R 的计算公式为

$$R=\frac{\sum_{i=1}^{n}(\mathrm{RCC}_i-\overline{\mathrm{RCC}})(v_i-\overline{v})}{\sqrt{\sum_{i=1}^{n}(\mathrm{RCC}_i-\overline{\mathrm{RCC}})^2\sum_{i=1}^{n}(v_i-\overline{v})^2}} \qquad (3-1)$$

式中，RCC_i 为第 i 株样竹叶绿素含量；v_i 为第 i 株样竹植被指数；$\overline{\mathrm{RCC}}$、$\overline{v}$ 分别为叶绿素含量平均值和植被指数平均值；n 为样竹总数。

以光谱反射率对叶绿素的敏感性作为分析叶绿素含量与植被指数相关关系的辅助指标。敏感性主要基于实测雷竹叶片光谱数据，并利用 PROSPECT 辐射传输模型模拟不同叶绿素含量下雷竹叶片光谱反射率曲线（详见第 4 章）。以 x_0 为参考点，定量分析的敏感度（s）计算公式为（李海洋 等，2011）

$$s = \sum_{j=1}^{n} \left[\rho_{x_0}^{(j)} - \rho_{x_0+\Delta x}^{(j)} \right]^2 \Big/ \rho_{x_0}^{(i)} \qquad (3\text{-}2)$$

式中，x_0 为模型参数，Δx 为参数的步长；$\rho_{x_0}^{(j)}$ 为模型某个参数下的原始叶片反射率；$\rho_{x_0+\Delta x}^{(j)}$ 为模型参数 x_0 增加步长值 Δx 后模拟的叶片反射率值；n 为模型参数增加步长的次数；s 为敏感度。

在相关性分析的基础上，选择在不同观测时间均与叶绿素含量有较好相关关系的植被指数建立雷竹叶绿素含量反演模型，并对模型反演结果进行评价。

3.3　结果与分析

3.3.1　植被指数与叶绿素含量相关性分析

不同测量日期雷竹叶绿素含量与植被指数相关性分布图如图 3.1 所示。一般认为相关系数 R 大于 0.6 即说明两个变量之间具有较好的相关性，因此图 3.1 中雷竹叶绿素含量与植被指数之间的相关系数小于 0.6 的以空白表示。分析图 3.1 可知，第一类植被指数中的 GM 和 Vog3、第二类植被指数中的 DD、第三类植被指数中的 mND_{705} 和 mSR_{705} 以及第五类植被指数中的 REP 等 6 个植被指数，在所有 14 次观测时间里，均与雷竹叶绿素含量之间具有较好的相关关系，相关系数在 0.64～0.97 变化。由表 3.1 中的 6 个植被指数计算公式可知，除 Vog3 外，计算其余 5 个植被指数均利用了 750nm、700nm 附近的反射率，而 mND_{705} 和 mSR_{705} 还增加了 445nm 处的反射率。

750nm 处于近红外反射肩，反射率高，主要是由叶片散射特性引起的，不同生长阶段叶片叶绿素含量变化对该区域反射率影响较小（Gitelson et al.，1994）。雷竹叶片反射率光谱曲线及反射率对叶绿素含量的敏感性分析如图 3.2 所示，波长大于 750nm 的雷竹叶片反射率对叶绿素含量的敏感性几乎为 0；700nm 附近既处于反射率对叶绿素含量高度敏感区域，又在红光吸收谷及红边位置附近，反射率较低。因此，通过 750nm 与 700nm 反射率的比值运算或差分运算得到的植被指数（GM、DD、mND_{705} 和 mSR_{705} 等）增强了对雷竹叶片叶绿素信息的解译能力，从而能够直观地反映出叶片叶绿素含量变化情况。

mND_{705} 与 mSR_{705} 是在传统 NDVI 和 SR 的基础上，增加对叶绿素含量敏感度较高的 705nm 处的反射率，并结合 445nm 处的叶绿素吸收特征及 750nm 处的近红外强反射光谱特征而发展的一个植被指数（Gitelson，1994；Sims et al.，2002）。

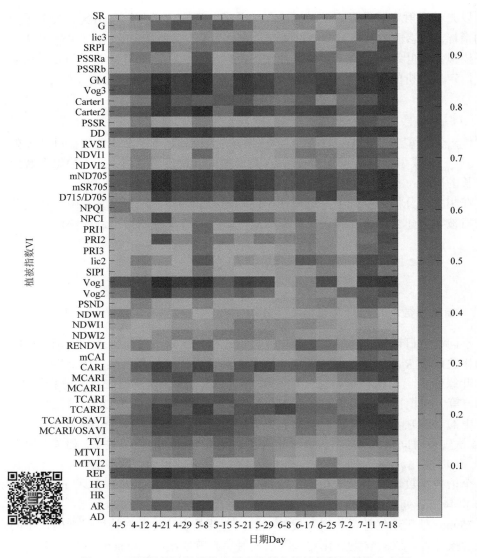

图 3.1　不同测量日期雷竹叶绿素含量与植被指数相关性分布图

Sims 等（Sims et al.，2002）研究发现，705nm 处的反射率与植被叶绿素含量之间具有较好的相关关系，而 445nm 处由于类胡萝卜素对光的吸收，其反射率比 680nm 处更低且稳定（尽管由图 3.2 可知 680nm 处于叶绿素含量高敏感区域），因此该处反射率可作为较为可靠的参考基准，改进后的植被指数能够削弱光谱散射及吸收的不稳定性对叶绿素含量估算的影响，从而得到理想的结果。上述这些可能就是 NDVI1，NDVI2 及 REDEDVI 等 3 个常用植被指数均与叶绿素含量之间的相关关系较差（个别日期除外），而改进的两个植被指数 mND$_{705}$ 与 mSR$_{705}$ 在整个观测时间内均与叶绿素含量具有较好的相关性的原因，这也从一个侧面验证了 Sims 的研究结果。

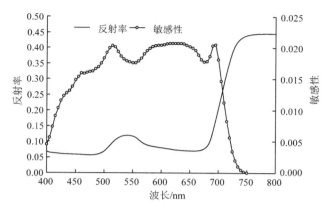

图 3.2　雷竹叶片反射率光谱曲线及反射率对叶绿素含量的敏感性分析

红边位置（REP）随叶绿素含量、叶面积指数、生物量、年龄、植被的健康程度、季节而变化，即当植被健康并有高叶绿素含量时，红边位置将会向长波方向移动，而当植被遭受病虫害或者得萎黄病时，红边位置将会向短波方向移动（Helmi et al.，2006；杜华强 等，2009）。本研究选择健康的雷竹样本，而且各样本在整个观测期内生长良好，因此 REP 与雷竹叶绿素含量之间具有较好的相关关系。

3.3.2　雷竹叶绿素含量动态反演模型

1. 一元线性模型

如上所述，GM、Vog3、DD、mND$_{705}$、mSR$_{705}$ 和 REP 等 6 个植被指数在整个观测期内均与雷竹叶绿素含量具有较好的相关性，因此选用这 6 个植被指数反演雷竹叶绿素含量及其动态变化。由于这 6 个植被指数在不同时期均与雷竹叶绿素含量具有较好的相关关系，为减少不同时期不同指数均须单独计算的麻烦，我们用每株雷竹 14 次观测的平均值构建相应的植被指数模型反演叶绿素含量。平均叶绿素含量与 6 个植被指数的一元线性模型如图 3.3 所示，它们之间的相关系数均大于 0.85，并且在 0.01 水平上显著，模型的线性关系极为显著。因此，对于上述 6 个植被指数而言，用多次观测的平均值反演雷竹叶绿素含量及其动态变化是可行的。

2. 多元线性模型

方案一：以 20 株雷竹为样本，以 14 次观测的平均叶绿素含量和 6 个植被指数为样本值，建立多元线性模型 RCC$_a$。方案二：以 14 次观测为样本，以每次观测的

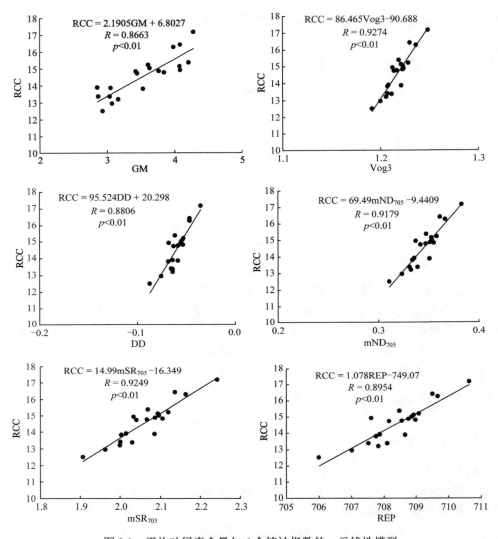

图 3.3 平均叶绿素含量与 6 个植被指数的一元线性模型

20 株样竹的平均叶绿素含量和植被指数为样本值,建立多元线性模型 RCC_b。方案一和方案二建立的雷竹叶绿素含量多元线性模型见式(3-3)、式(3-4)。多元线性模型预测叶绿素含量与实测叶绿素含量之间的相关关系如图 3.4(a)、(b)所示。

$$RCC_a = 1152.6889 + 1.1504GM + 56.3409Vog3 + 87.8844DD$$
$$+ 98.2775mND_{705} - 10.9392mSR_{705} - 1.7179REP \qquad (3\text{-}3)$$

$$RCC_b = -5446.8181 - 2.5705GM - 77.0462Vog3 - 299.4306DD$$
$$- 903.1439mND_{705} + 152.3623mSR_{705} + 7.8217REP \qquad (3\text{-}4)$$

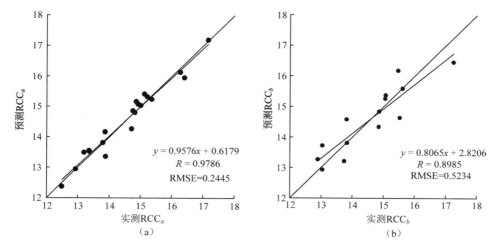

图 3.4　多元线性模型预测叶绿素含量与实测叶绿素含量之间的相关关系

由图 3.4 可知，两个方案分别建立的模型均能得到较高精度的叶绿素含量反演结果，但比较而言，方案一建立的模型反演雷竹叶绿素含量的精度高于方案二建立的模型反演雷竹叶绿素含量的精度，其相关系数 R 为 0.9786，均方根误差 RMSE 为 0.2445，仅约为方案二的一半。然而，方案一是将样本的时间变化进行平均，模型 RCC_a 主要反映样本之间的差异；方案二则是对样本进行平均，以不同时间的观测值作为样本，体现了时间动态变化，符合雷竹快速生长的特点，因此模型 RCC_b 的反演结果能够更好地体现雷竹叶绿素含量的动态变化。

3.4　小　结

在雷竹快速生长过程中，通过对固定样竹叶绿素含量及反射光谱进行连续观测，构建了雷竹叶绿素含量反演动态估算模型。本研究表明：①GM、Vog3、DD、mND_{705}、mSR_{705} 和 REP 等 6 个高光谱植被指数在雷竹整个生长过程中均与雷竹叶绿素含量具有较好的相关关系，这些植被指数中既有广泛应用于反映植被生长状况的特征参数（REP 等），也有根据植被反射光谱对叶绿素色素的吸收及光谱的强反射等特征进行重构或改进的植被指数（mND_{705}、mSR_{705} 等）。本研究进一步表明这些植被指数也适用于在雷竹快速生长过程中对雷竹叶绿素含量的反演。②采用以上 6 个植被指数建立的一元线性模型的相关系数均大于 0.85，而两种方案建立的多元线性模型也具有较好的预测能力，预测叶绿素含量与实测叶绿素含量之间的相关系数均大于 0.89。

综上所述，GM、Vog3、DD、mND_{705}、mSR_{705} 和 REP 等 6 个植被指数在整个观测期内均与叶绿素含量具有较好的相关关系。除这 6 个植被指数外，其他植被指数在部分时间或时间段与叶绿素含量也具有较好的相关关系，尤其是处于观测后期的 7 月 11 日和 7 月 18 日这两次观测，几乎所有植被指数均与叶绿素含量之间的相关关系良好。出现上述这种情况可能有两个方面的原因：①可能与该植被指数的特征有关，如第 1 类植被指数中的 Carter1、Carter2 对植被缺水干燥的环境及衰老等胁迫因子敏感（Carter et al.，1994），当植被受到胁迫时，植被叶绿素含量减少，而光谱反射率的吸收谷（Carter1、Carter2 的 695nm 处）反射率增加，在对雷竹进行观测时，不同观测样本及不同观测时间可能受到的胁迫因子不同，从而使得某些时间（4 月 5 日、5 月 29 日、6 月 25 日等）的植被指数与叶绿素含量之间的关系不理想；第 3 类植被指数中的 CARI 主要利用 670nm 处红光区的叶绿素吸收特征来反映叶绿素含量的变化（Haboudane et al.，2004），除 4 月 5 日和 5 月 15 日外，该植被指数与雷竹叶绿素含量之间都具有较好的相关性，但正如 Sims 等（2002）研究所述，红光区没有 445nm 处蓝光区稳定，这可能是该植被指数与叶绿素含量之间的关系不稳定的原因，而改进型植被指数 MCARI 对 LAI 变化的敏感性高于其对叶绿素含量变化的敏感性（Daughtry et al.，2000），因而其与叶绿素含量之间的关系更不理想；其他几个转换型植被指数（TCARI、TCARI/OSAVI 等）主要是为了降低 LAI 或背景影响，其与雷竹叶绿素含量的关系没有在整体上得到改善。②竹笋生长迅速，在内外环境相同的情况下，母竹及其鞭根系统为其快速生长提供了重要的养分来源，而到生长后期，新竹展枝放叶，通过光合作用自我提供养分，母竹和新竹处于动态平衡状态，林分趋于稳定。雷竹的这种生长特点可以解释在 4 月 5 日至 7 月 18 日这段时间植被指数与叶绿素含量的动态变化关系（图 3.1），而母竹和新竹的动态平衡状态可能是生长后期植被指数均与叶绿素含量关系较好的原因。

通过研究，选择了高光谱植被指数用于雷竹叶绿素含量的反演，为利用卫星遥感数据反演叶绿素含量奠定了基础。由于研究是对基于叶片尺度的光谱反射率数据进行分析，因此在利用卫星遥感数据反演叶绿素含量时需要考虑叶片和冠层（像元）之间的尺度差异，而将叶片尺度反射率通过辐射传输模型转换为冠层尺度反射率是解决该问题的重要途径之一。对此，我们也将进一步开展相关研究。

参 考 文 献

代辉，胡春胜，程一松，2007. 冬小麦冠层光谱红边特征分析[J]. 中国生态农业学报，15(5): 80-83.

董德进，周国模，杜华强，等，2011. 6 种地形校正方法对雷竹林地上生物量遥感估算的影响[J]. 林业科学，47(12): 1-8.

杜华强，葛宏立，范文义，等，2009. 马尾松针叶光谱特征与其叶绿素含量间关系研究[J]. 光谱学与光谱分析，29(11): 3033-3037.

黄敬峰，王渊，王福民，等，2006. 油菜红边特征及其叶面积指数的高光谱估算模型[J]. 农业工程学报，22(8): 22-26.

黄文江，王纪华，刘良云，等，2003. 冬小麦红边参数变化规律及其营养诊断[J]. 遥感技术与应用，18(4):206-211.

蒋金豹，陈云浩，黄文江，2007. 用高光谱微分指数监测冬小麦病害的研究[J]. 光谱学与光谱分析，27(12):2475-2479.

李海洋，范文义，于颖，等，2011. 基于 Prospect，Liberty 和 Geosail 模型的森林叶面积指数的反演[J]. 林业科学，

47(9): 76-81.

李明泽，赵晓红，卢伟，等，2013. 基于机载高光谱影像的植被冠层叶绿素反演[J]. 应用生态学报, 24(1):177-182.

李向阳，刘国顺，史舟，等，2007. 利用室内光谱红边参数预测烤烟叶片成熟度[J]. 遥感学报, 11(2): 269-275.

陆国富，2012. 毛竹林冠层参数动态变化及高光谱遥感反演研究[D]. 临安：浙江农林大学.

牛铮，王长耀，2008. 碳循环遥感基础与应用[M]. 北京：科学出版社.

浦瑞良，宫鹏，2003. 高光谱遥感及其应用[M]. 北京：高等教育出版社.

谭昌伟，王纪华，郭文善，2006. 利用遥感红边参数估算夏玉米农学参数的可行性分析[J]. 福建农林大学学报：自然科学版, 35(2): 123-128.

吴彤，倪绍祥，李云梅，等，2007. 基于地面高光谱数据的东亚飞蝗危害程度监测[J]. 遥感学报, 11(1):103-108.

张凤丽，尹球，匡定波，等，2005. 环青海湖地区天然草地时序光谱特征参量分析[J]. 生态学报, 25(12):3155-3160.

张金恒，王珂，王人潮，等，2003. 高光谱评价植被叶绿素含量的研究进展[J]. 上海交通大学学报, 21(1):74-79.

赵英时，陈述彭，2003. 遥感应用分析原理与方法[M]. 北京：科学出版社.

AINER L, GEORG B, REINER D, 2003. Analysis of hyperspectral field data for detection of sugar beet diseases[R]. Debrecen: EFITA 2003 Conference 5-9: 375-381.

ARCO-TEJADA P J, MILLER J R, NOLAND T L, et al., 2001. Scaling up and model inversion methods with narrow-band optical indices for chlorophyll content estimation in closed forest canopies with yperspectral data[R]. IEEE Transactions on Geoscience and Remote Sensing, 39(7): 1491-1501.

BARNES J D, BALAGUER L, MANRIQUE E, et al., 1992. A reappraisal of the use of DMSO for the extraction and determination of chlorophylls a and b in lichens and higher plants[J]. Environmental and Experimental Botany, 32(2):85-100.

BLACKBURN G A, FERWERDA J G, 2008. Retrieval of chlorophyll concentration from leaf reflectance spectra using wavelet analysis[J]. Remote Sensing of Environment, 112(4): 1614-1632.

BLACKBURN G A, 1998. Quantifying chlorophylls and carotenoids at leaf and canopy scales: an evaluation of some hyperspectral approaches[J]. Remote Sensing of Environment, 66(3): 273-285.

BROGE N H, LEBLANC E, 2000. Comparing prediction power and stability of broadband and hyper spectral vegetation Indices for estimation of green leaf area index and canopy chlorophyll density[J]. Remote Sensing of Environment, 76: 156-172.

CARTER G A, 1994. Ratios of leaf reflectances in narrow wavebands as indicators of plant stress[J]. International Journal of Remote Sensing, 15(3): 697-703.

DAUGHTRY C S T, WALTHALL C L, KIM M S, et al., 2000. Estimating corn leaf chlorophyll concentration from leaf and canopy reflectance[J]. Remote Sensing of Environment, 74: 229-239.

FILELLA I, PENUELAS J, 1994. The red edge position and shape as indicators of plant chlorophyll content, biomass and hydric status[J]. International Journal of Remote Sensing, 15(7): 1459-1470.

GAMON J A, PEÑUELAS J, FIELD C B, 1992. A narrow-waveband spectral index that tracks diurnal changes in photosynthetic efficiency[J]. Remote Sensing of Environment, 41(1): 35-44.

GITELSON A A, MERZYLAC M N, 1997. Remote estimation of chlorophyll content in higher plant leaves[J]. International Journal of Remote Sensing, 18(12): 2691-2697.

GITELSON A A, MERZYLACM N, 1994. Spectral reflectance changes associate with autumn senescence of Aesculus hippocastanum L. and Acer platanoides L. leaves: spectral features and relation o chlorophyll estimation[J]. Journal of Plant Physiology, 143(3): 286-292.

HABOUDANE D, MILLER J R, PATTEY E, et al., 2004. Hyperspectral vegetation Indices and novel algorithms for predicting green LAI of crop canopies: modeling and validation in the context of precision agriculture[J]. Remote Sensing of Environment, 90: 337-352.

HABOUDANE D, MILLER J R, TREMBLAY N, et al., 2002. Integradnarrow-band vegetation indices or prediction of crop chlorophyll content for application to precision agriculture[J]. Remote Sensing of Environment, 81(2-3): 416-426.

HELMI Z M S, MOHAMAD A M S, AZADEH G, 2006. Hyperspectral remote sensing of vegetation using red edge position techniques[J]. American Journal of Applied Sciences, 3(6): 1864-1871.

LE MAIRE G, FRANCOIS C, DUFRENE E, 2004. Towards universal broad leaf chlorophyll indices using PROSPECT simulated database and hyperspectral reflectance measurements[J]. Remote Sensing of Environment, 89(1): 1-28.

MAIN R, CHO M A, MATHIEU R, et al., 2011. An investigation into robust spectral indices for leaf chlorophyll estimation[J]. ISPRS Journal of Photogrammetry and Remote Sensing, 66(6): 751-761.

MERTON R N, 1998. Monitoring community hysteresis using spectral shift analysis and the red-edge vegetationstress index[C]. Proceedings of the Seventh Annual JPL Airborne Earth Science Workshop. Pasadena: NASA, Jet Propulsion Laboratory: 12-16.

MILLER J R, HARE E W, WU J, 1990. Quantitative characterization of the vegetation red edge reflectance[J]. Remote Sensing, 11(10): 1755-1773.

PENUELAS J, BARET F, FILELLA I, 1995. Semi-empirical indices to assess carotenoids/chlorophyll a ratio from leaf spectral reflectance[J]. Photosynthetica, 31(2): 221-230.

PU R L, GONG P, BIGING G S, et al., 2003. Extraction of red edge optical parameters from Hyperion data for estimation of forest leaf area index[J]. IEEE Transactions on Geoscience and Remote Sensing, 41(4): 916-921.

ROUSE J W, Haas R H, Schell J A, Deering D W, 1974. Monitoring Vegetation Systems in the Great Plains with ERTS[M]. Washington D C: NASA Special Publication.

SIMS D A, GAMON J A, 2002. Relationships between leaf pigment content and spectral reflectance across a wide range of species, leaf structures and developmental stages[J]. Remote Sensing of Environment, 81: 337-354.

SMITH R C G, ADAMS J, STEPHENS D J, et al., 1995. Forecasting wheat yield in a mediterranean-type environment from the NOAA satellite [J]. Crop and Pasture Science, 46(1): 113-125.

VOGELMAN J E, ROCK B N, MOSS D M, 1993. Red edge spectral measurements from sugar maple leaves[J]. International Journal of Remote Sensing, 14(8): 1563-1575.

ZARCO-TEJADA P J, BERJONB A, L Ö PEZ-LOZANO R, et al., 2005. Assessing vineyard condition with hyper spectral indices: leaf and canopy reflectance simulation in a row-structured discontinuous canopy[J]. Remote Sensing of Environment, 99(3): 271-287.

ZARCO-TEJADA P J, MILLER J R, MORALES A, et al., 2004. Hyperspectral Indices and model simulation for chlorophyll estimation in open-canopy tree crops[J]. Remote Sensing of Environment, 90(4): 463-476.

ZOU X B, SHI J Y, HAO L M, et al., 2011. In vivo noninvasive detection of chlorophyll distribution in cucumber (*Cucumis sativus*) leaves by indices based on hyperspectral imaging[J]. Analytica Chimica Acta, 706(1): 105-112.

第4章 基于辐射传输模型的竹林LAI 和叶绿素含量遥感反演

4.1 引 言

叶面积指数（LAI）是指单位地表面积上绿色植物所有叶片面积总和与土地面积的比值（Chen et al.，1992），是描述植被冠层几何结构的最基本的参数，也是气候模型、地-气相互作用过程等模型的重要输入参数。通过遥感手段获取准确的LAI一直是遥感技术应用的基本任务之一（陈新芳 等，2006；徐希孺 等，2009；Chen et al.，1992）。叶绿素在植被生长过程中起着至关重要的作用，其含量变化可为植被生长状况、病理诊断等提供科学依据（杜华强 等，2009）。而且这种生物化学信息对于研究和理解光合作用、碳氮循环等生态系统过程以及描述和模拟生态系统都十分重要。定量估测叶绿素等植被生理生化参数也是植被监测的研究重点之一，基于遥感技术的叶绿素含量定量反演研究也取得很大进展（浦瑞良 等，2000；Zarco et al.，2004；牛铮 等，2008；George et al.，2008；Zou et al.，2011；李明泽 等，2013）。

建立基于植被指数的统计模型是最常用的植被参数遥感定量反演方法，它主要是以反射率数据、导数光谱、光谱特征参数（红边位置、光谱吸收深度等）、特征光谱位置等为基础，建立其与植被生理生化参数的多元回归关系，实现参数反演。统计模型结构简单，但形式多样、普适性较差，而且易受植被类型、光照条件、观察位置、冠层结构等植被因素影响，对土壤背景等非植被因素也较为敏感（Du et al.，2011）。例如，李云梅等（2003）从天顶方向建立线性回归模型来估算水稻叶片叶绿素含量，结果发现该线性回归模型应用于其他方向并不合适。

植被遥感物理模型是以电磁波辐射传输理论和植被生态学理论为基础，通过模拟冠层内部辐射传输和相互作用达到反演植被理化参数的目的，这类模型不受植被类型等因素的影响，通用性好。依据植被是否具有明显的几何形态，通常将植被遥感物理模型分为辐射传输模型和几何光学模型。随着辐射传输模型考虑热点现象、几何光学模型考虑多次散射等现象，这两类模型之间的差异也在逐渐减小（徐希孺，2005）。

本章主要利用PROSAIL辐射传输模型反演毛竹林LAI和叶绿素含量。辐射传输模型包括叶片尺度上的 PROSPECT 模型和 LIBERTY 模型，以及冠层尺度上的 SAIL 模型等。在叶片水平上，可以发现叶片的可见光、近红外反射光谱信息跟叶绿素含量之间具有很好的相关性（Jacquemoud et al.，1995；Jacquemoud et al.，1996；Penuelas et al.，1995；Barbara et al.，1995），而冠层光谱则是植被和土壤的混合光谱，由于受土壤背景影响，冠层反射光谱信息与叶绿素含量之间直接建立相关关系效果往往不好。

4.2　PROSAIL 辐射传输模型介绍

PROSAIL 辐射传输模型耦合了叶片光学特性模型 PROSPECT（Jacquemoud，1990）和冠层反射率模型 SAIL（Verhoef，1984），并考虑土壤的非朗伯特性、叶片的镜面反射、植被冠层的热点效应及叶倾角分布情况，因此能够很好地描述均匀植被冠层的反射特性，从而使该模型具有良好的模拟结果并被广泛应用（Nilson，1989；Jacquemoud，1993，Wu et al.，2008，Goel et al.，1983；Jacquemoud et al.，1993；Kuusk，1991），该模型算法的可行性也在很多研究中得到验证（Knyazikhin et al.，1998；Privette et al.，1996；Weiss et al.，1999）。

4.2.1　PROSPECT 模型

PROSPECT 模型是 Jacquemoud 等（1990）提出的基于 ALLEN 平板模型改进的辐射传输模型，该模型通过模拟叶片 400~2500nm 间隔 5nm 的上行和下行辐射通量得到叶片反射率（ρ_l）和透射率（τ_l）。PROSPECT 模型假设每片叶片是由 N 层同性层堆叠而成（N 不一定是整数），由 N-1 层气体空间隔开，它通过一个折射指数 η 和一个表征叶片叶肉结构的量来描述散射过程，吸收则通过吸收系数描述，并可以表示为叶组分含量和相应的特定吸收系数的线性组合（Jacquemoud et al.，1996）。叶肉界面物质的 η 接近于 1.4，从 400nm 到 2400nm 呈规则递减（牛铮 等，2008）。该模型还引入了立体角 Ω，由相对于叶平面法线的最大入射角 α 来确定，并假定光线都是从这个立体角单穿过叶片的，α 值取决于反射面的几何结构，一般取其最适值 $\alpha = 59°$（牛铮 等，2008；刘照言 等，2010）。

由此可见，PROSPECT 模型需要 4 个参数，即 α（入射角）、η（折射指数）、γ（平板透射系数）和结构参数 N。其中，γ 是 K（组分吸收系数的线性组合）的函数。若假设叶的吸收是由水、叶绿素、蛋白质及木质素加纤维素引起的，则 γ 可以由叶片的生化参数决定（颜春燕，2003）。这样，若 α 和 η 一定，则 PROSPECT 模型最终只需要确定结构参数 N 和生化组分含量 2 个参数。PROSPECT 模型的公式为

$$(\rho_l, \tau_l) = \text{PROSPECT}(N, C_{ab}, C_w, C_m) \tag{4-1}$$

式中，ρ_l 为叶片反射率；τ_l 为叶片透射率；N 为叶片内部结构参数，描述叶子内部细胞结构，与植物的种类和生长状态（衰老与否）有关，一般情况下单子叶植物的 N 为 1～1.5，双子叶植物的 N 为 1.5～2.5，老化叶的 N 大于 2.5（Darvishzadeh et al., 2008）；C_{ab} 为叶片叶绿素含量（ug/cm^2）；C_w 为水含量（g/cm^2）；C_m 为叶片干物质含量（g/cm^2）。

4.2.2　SAIL 模型

SAIL 模型是由 Verhoef 和 Bunnik 在 SUITS 模型基础上扩充而得，是对 SUITS 模型的改进，该模型能够描述水平均匀植被冠层中直射以及上行和下行散射光通量的辐射传输过程（Verhoef, 1984）。在连续、水平均匀冠层下，将波长、叶片反射率、叶片透射率等作为模型的输入参数，就可以模拟任意太阳高度和观测方向的冠层反射率（武佳丽 等，2010）。但是 SAIL 模型忽略了植被遥感中常见的热点和叶片的镜面反射问题，Nilson 等（1989）对此作出进一步改进，使模型的模拟数据与实际数据很好地吻合。SAIL 模型的公式为

$$\rho_c = \text{SAIL}(\text{LAI}, \text{ALA}, \rho_l, \tau_l, \text{HOT}, \text{Diff}, \theta_v, \theta_s, \varphi) \tag{4-2}$$

式中，ρ_c 为冠层反射率；LAI 为叶面积指数；ALA 为平均叶倾角；ρ_l 为叶片反射率；τ_l 为叶片透射率；HOT 为热点参数（叶子的平均大小与冠高之比）（Verhoef, 1984）；Diff 为漫反射系数；θ_v 和 θ_s 分别为观测天顶角和太阳天顶角；φ 为太阳与观测相对方位角。

将 PROSPECT 模型得到的叶片反射率（ρ_l）和透射率（τ_l）以及观测数据、叶面积指数（LAI）、平均叶倾角（ALA）等参数输入到 SAIL 模型中，得到植被冠层反射率，即完成了通过地表植被理化参数、几何参数和光谱特性获得植被冠层反射率的过程（孙源 等，2011）。

4.3　研　究　方　法

4.3.1　研究区概况

研究区位于浙江省安吉县南端的山川乡，其遥感影像示意图如图 4.1 所示，其东接杭州市余杭区、南邻杭州市临安区，西北部与天荒坪镇接壤。山川乡行政区域总面积为 46.72km^2，境内山清水秀，环境宜人，水源充沛，年均气温为 14.7℃，年降水量为 1700mm，森林覆盖率达 88.8%，竹林资源十分丰富，其中毛竹林面积为.17 万公顷，约占全乡山林总面积的 40%，是中国著名的竹乡。

图 4.1　研究区遥感影像示意图

4.3.2　冠层 LAI 测量

1. WinSCANOPY 2009a 冠层分析仪基本原理

样地内毛竹林冠层 LAI 利用 WinSCANOPY2009a 植被冠层分析仪获取。WinSCANOPY2009a 冠层分析仪是一款分析植被冠层和太阳辐射的数字图像分析系统，由加拿大 REGENT INSTRUMENTS INC 公司生产。该系统的组成包括 CSCANOPY 分析软件及使用手册；CDigital Portable 4.1 Camera，400 万像素；CFish eye lens 鱼眼镜头；CAC adaptor for camera digital 相机接口；CLong life batter pack 充电电池；C256M memory card 内存卡；CSelf leveling mount "O" MOUNT 自动平衡定位环；CNorth finder 指北系统（选件）；CCamera remote 相机远程控制器（30m）。

WinSCANOPY2009a 提供了功能强大、使用方便的计算机软件来分析半球影像和处理测量结果。相片使用 180° 鱼眼镜头和高清晰度数码相机从植物冠层下方或森林地面向上取像获得。取像时需要均匀的天空光照条件，如在日出前、日落后的短时间内或天空光线均匀的阴天。数码相机安放在"O" MOUNT 自动平衡定位环上，无论以什么角度来安放相机，都可以确保相机保持水平，North finder 北轴标记可以用来辅助影像的定位。

WinSCANOPY2009a 通过鱼眼镜头获取图像，计算机分析软件对捕获到的图像进行数字化处理，然后计算太阳光直射透过系数或者计算从植物冠层底下向上可以观测到的天空比例。0 表示完全看不到天空，1 则意味着观测范围为整个天空，0~1 之间的数字表示部分天空被叶片遮盖，WinSCANOPY2009a 应用林隙分数的逆程序，计算机程序根据操作员定义的天顶角和方位角的分区数将所获得的图像分解为数个扇区或格栅，通过自动快速计点每个扇区中可见天空的图素，可以分析出该扇区的可见天空比率（太阳光直射透过系数）。一旦完成对所有扇区的分析，并计算出每一天顶角区的平均太阳光直射透过系数，就可以通过系统自带的计算机软件分别计算出林隙分数、平均叶倾角、叶面积指数等林冠层参数（赵平 等，2002）。

将数码相机的高清晰度影像载入 WinSCANOPY2009a 软件是非常容易的，既不需要胶片也不需要扫描，既节约时间又节约开销。WinSCANOPY2009a 通过处理影像数据文件来获取与冠层结构有关的信息，如叶面积指数、光照间隙及间隙分布状况等。通过分析辐射数据的相关信息，WinSCANOPY2009a 能够测算出冠层截获的 PAR 以及冠层下方的辐射水平。计算机软件不仅可以计算辐射指标、冠层指标、测量地点的光线覆盖状况以及直射光与漫射光的分布，其先进的图形处理技术还可以使数据更加形象化并以多种通用格式输出。

WinSCANOPY 2009a 基于林隙分数反演冠层结构。林隙分数（间隙指数）是指图像中像素等级作为开放天空（不包括植被阻隔的）所占图像（在两个空间间隔）中天空网格区域的指数（所占百分比）。计算机软件中以 LAI 为体系的反演算法包括 LAI（Bonhom）-LogCI（CI 为聚集度指数）、LAI（2000）-LogCI、LAI（2000G）-LogCI、LAI（Sphere）-LogCI 和 LAI（Ellips）-LogCI 等。这五种算法的假设条件是：①叶片方位角呈随机分布。②相对于视场角而言，叶片足够小。③叶在空间上呈随机非聚集分布。④叶片 100%不透光。对于特定对象应当选择不同的算法（Wikipedia，2009），算法的基本原理是 Beer-Lambert 定理，公式为

$$Q_i = Q_0 e^{-k\text{LAI}_{\text{Beer\_Lambert}}} \tag{4-3}$$

$$\text{LAI}_{\text{Beer\_Lambert}} = -\ln(Q_i / Q_0) / k \tag{4-4}$$

式中，Q_i 为冠层下方的光照强度；Q_0 为冠层上方的光照强度；Q_i / Q_0 为冠层孔隙度；k 为消光系数（本书取 0.5）；$\text{LAI}_{\text{Beer\_Lambert}}$ 为未经聚集度指数校正过的叶面积。

2. 冠层 LAI 获取与处理

2011 年 8 月中旬，在研究区毛竹林内设置 11 块样地，利用 WinSCANOPY 2009a 冠层分析仪获取样地毛竹林冠层 LAI。在进行样地调查时，首先在每块样地的四角及中心设置 5 个采样点，并用 WinSCANOPY2009a 冠层分析仪在 5 个采样点拍摄 5 组影像带回实验室；然后用 WinSCANOPY2009a 自带的分析软件处理样地 5 组影像，获取 5 个采样点处的叶面积指数（LAI）；最后，取样地内 5 个冠层采样点处 LAI 的平均值作为该样地的实测 LAI。为保证 LAI 分析精度，WinSCANOPY 2009a 测量冠层影像时应当严格遵循相应使用规范，包括天气晴朗、微风、天空无积云、大气能见度好、避免太阳直射等（测量时间为 8:00～10:30 或 14:00～17:50）。

本研究采用 WinSCANOPY2009a 中的 LAI（2000G）-LogCI 计算方法获取 LAI。

毛竹林冠层影像图和冠层参数分析分别如图 4.2（a）和（b）所示。11 块样地的冠层叶面积指数（LAI）见表 4.1。

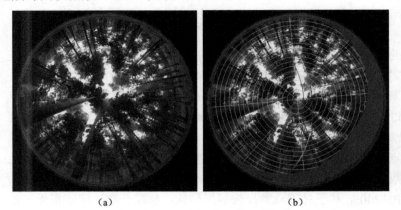

（a）　　　　　　　　　　　　　　　　（b）

图 4.2　毛竹林冠层影像图和冠层参数分析

表 4.1　11 块样地的冠层叶面积指数（LAI）

样地号	LAI		样地号	LAI		样地号	LAI	
	5 个样点	平均		5 个样点	平均		5 个样点	平均
1	4.533	4.475	5	4.155	4.9728	9	4.201	4.619
	4.689			4.696			4.072	
	5.040			5.786			5.164	
	4.496			5.17			5.230	
	3.617			5.057			4.428	
2	2.581	3.0412	6	5.676	4.626	10	4.317	4.6716
	3.125			4.491			5.369	
	3.440			4.679			4.742	
	3.453			4.779			4.621	
	3.247			3.505			4.301	
3	3.606	3.606	7	4.293	4.7668	11	5.374	4.6786
	4.154			5.283			4.029	
	3.426			4.052			4.48	
	3.547			4.328			5.03	
	3.585			5.878			4.48	
4	4.124	4.0574	8	5.953	6.0318			
	3.604			5.436				
	3.903			6.356				
	4.912			6.328				
	3.744			6.086				

4.3.3　光谱数据

1. 毛竹叶片光谱

每块样地选取不同年龄毛竹叶 6～9 片，采用便携式野外光谱测量仪（ASD）获取其反射率。每组叶片测量在 1min 内完成（参考板和目标）。每次测量之前都要进行参考板测量和自动优化，测量时仪器自动获取同一目标 10 组光谱数据，并取其平均值作为本次测量结果。11 块样地叶片平均反射率如图 4.3 所示。

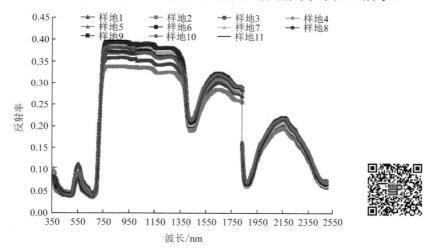

图 4.3　11 块样地叶片平均反射率

2. 土壤光谱

选取裸露土壤表面，尽量保持土壤原始状态。土壤光谱测量的操作规范和要求与叶片光谱测量的操作规范和要求相同，可以根据土壤裸露面积的大小调整探头的高度。每次进行叶片光谱测量的同时必须测量土壤光谱，即样地土壤背景反射率也是多次测量取均值。11 块样地土壤平均反射率如图 4.4 所示。

4.3.4　叶绿素含量获取及处理

为快速获取样地叶绿素信息，利用 CCM-200 叶绿素测定仪分别在叶片基部、叶片中部和叶片尖部重复测量鲜毛竹叶片的叶绿素含量指数（chlorophyll content index，CCI）3 次，并将 3 次测量数据的平均值作为该叶片的 CCI。然而，CCM-200 叶绿素仪的测量结果仅是反映叶片叶绿素含量高低的一个相对值，须将其转换为单位面积上绝对的叶绿素含量值（leaves chlorophyll content，LCC，ug/cm^2）。为此，本研究选择通过实验的方法建立毛竹 LCC 和 CCI 之间的关系。相对叶绿素含量与绝对叶绿素含量之间的关系如图 4.5 所示。相关性分析显示，LCC 和 CCI 之间的线性关系极为显著，因此利用相应的线性模型可以将野外 CCI 转换为 LCC。

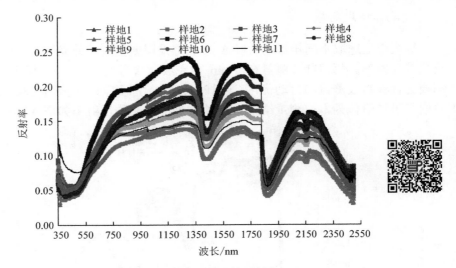

图 4.4　11 块样地土壤平均反射率

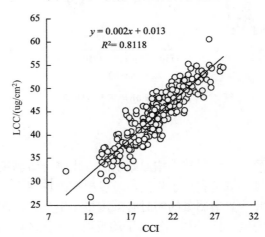

图 4.5　相对叶绿素含量与绝对叶绿素含量之间的关系

最后，采用式（4-1）将样地内叶片水平叶绿素含量转换为冠层水平单位面积叶绿素含量（Vyas et al.，2013），并以此作为样地冠层叶绿素含量的实测值。

$$CCC = LCC \times LAI \tag{4-5}$$

式中，CCC 为冠层水平叶绿素含量；LCC 为叶片水平叶绿素含量。

4.3.5　遥感影像及辅助数据

遥感数据为 2011 年 7 月 30 日 LandSat TM 影像（不包括热红外波段）。辅助数据有 3 个来源：①1∶50 000 的安吉县地形图。用于遥感影像的几何精校正。②1∶50 000 的安吉县数字高程模型（digital elevation model，DEM）。数字高程图（ASTER GDEM）来源于全球数据网络合作伙伴计划：国际科学数据服务平台（李英成，1994），分辨率为 30m，可以从中提取坡度、坡向、海拔等信息用于遥感影像的地形校正，减少由地形因子引起的地物反射率的差异。③2008 年 12 月的《安吉县森林资源规划设计调查成果报告》。该文件可作为安吉县土地利用分类、遥感影像分类精度评价的辅助数据。

本研究采用 1∶50 000 地形图对遥感数据进行几何精校正，并采用最近邻法将像元重采样至 30m×30m，与样地大小一致，校正总精度（RMSE）为 0.43。基于 FLAASH 模型对影像进行大气校正，将 DN 值转换为绝对反射率。结合研究区 1∶50 000 的数字高程模型（DEM），选用 Teillet 方法对影像进行地形校正。遥感数据预处理方法及毛竹林遥感专题信息提取方法在《竹林生物量碳储量遥感定量估算》一书中已有详细叙述，本书不再赘述。最后，采用最大似然法对影像进行分类，得到山川乡毛竹林分布区域示意图[图 4.6（a）]及其掩膜后的 TM 影像图[图 4.6（b）]。

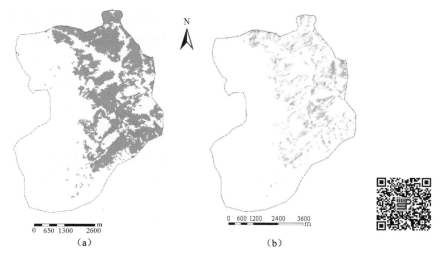

图 4.6　山川乡毛竹林分布区域示意图及其掩膜后的 TM 影像图

4.4　PROSAIL 模型参数优化

基于 PROSAIL 模型的森林参数反演实际上是执行该模型的逆过程，即通过输入的森林参数的变化控制反射率的变化，建立森林参数与反射率之间的查找表，从而实现森林参数反演，这也是利用辐射传输模型反演森林参数的一个重要研究方向（Jacquemoud et al.，2009）。针对不同森林类型确定模型参数即模型参数优化，它是利用 PROSAIL 模型反演 LAI、叶绿素含量等森林参数的关键。

4.4.1 冠层反射率模拟

在利用 PROSAIL 模型进行冠层参数反演的实际过程中，首先通过叶片辐射传输模型 PROSPECT 模拟出毛竹叶片反射率，然后再通过冠层辐射传输模型 SAIL 模拟出毛竹林冠层反射率。利用 PROSPECT 叶片辐射传输模型进行毛竹叶片反射率模拟时，需要先给定研究区实测叶片反射率数据，然后不断地调试模型找到一系列最适模型参数，以便由模型反演得到的反射率值与实测的反射率数据获得较好的匹配，匹配情况通过误差函数式（4-6）验证（Privette et al.，1996）。

$$\varepsilon^2 = \sum_{j=1}^{n} \left(p_j - p_j^* \right) \tag{4-6}$$

式中，p_j 为实测反射率；p_j^* 为模拟反射率。

PROSPECT 模型模拟毛竹叶片反射率与实测叶片反射率关系如图 4.7（a）所示。模拟结果与实测值之间的线性方程的相关系数 R^2=0.9716，均方根误差 RMSE 为 2.7%，说明毛竹叶片反射率的反演结果较好，可以用来进一步模拟毛竹林冠层反射率。但是 PROSPECT 模型在调整参数时很难保证模拟的叶片反射率与实测叶片反射率精准无误，尤其是在波峰处和波谷处会产生偏离点。11 块样地毛竹林冠层反射率曲线如图 4.7（b）所示。

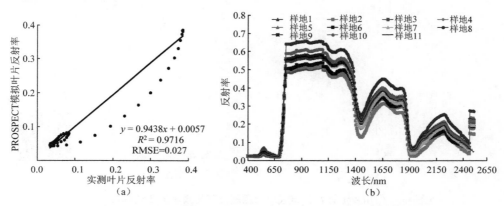

图 4.7　PROSPECT 模型模拟毛竹叶片反射率与实测叶片反射率关系
及 11 块样地毛竹林冠层反射率曲线

4.4.2　参数敏感性分析

参数敏感性分析一直被认为是用来确定模型关键参数及控制模型效率的非常有效的过滤工具。此外,参数敏感性分析还可以帮助理解模型结构,发现模型缺陷,从而改善模型结构。冠层的生物物理变量是非独立的。例如,叶绿素含量的变化会导致叶片含水量和叶片内部结构的变化,叶倾角也会随之发生变化。因此,反演前需量化冠层反射率对哪些参数具有高敏感度。参数敏感性分析包括定性分析和定量分析。定性分析通过改变待分析参数的取值(其他参数固定)得到一系列冠层反射率,通过反射率曲线的变化来反映该参数敏感性强度(李淑敏等,2010);定量分析是考察在某个参考值 x_0 附近一定范围模型输出冠层反射率的变化情况。由此可见,定量分析和定性分析实质是一样的。

以 x_0 为参考点,定量分析的敏感度计算公式参见式(3-2)(李海洋 等,2010)。

1. 敏感性定性分析

PROSAIL 模型各输入参数对冠层反射率的影响如图 4.8 所示。PROSAIL 模型各输入参数在不同步长下模拟冠层反射率,其波长范围为 400～2500nm,波长间隔为 5nm,波段总数为 421。由图 4.8 可以定性分析 PROSAIL 模型各输入参数对冠层反射率的影响。

(1)叶片结构参数 N

在可见光波段(蓝光、绿光、红光,下同),冠层反射率的变化很小;在波长大于 800nm 的近红外波段,虽然冠层反射率在 N 不断增加的过程中也随着增大,但是没有明显的变化规律。

(2)叶绿素含量 LCC

在可见光波段,随着叶绿素含量的增加,冠层反射率下降,变化显著;在波长大于 800nm 的近红外波段,随着波长的增加,反射率趋于一致直至重合。

(3)等效水厚度 C_w

在可见光波段,冠层反射率基本没有变化;在红外波段,冠层反射率随着等效水厚度的增大而减小,变化较为显著。

(4)干物质含量 C_m

在 400～2500nm 波长范围内,冠层反射率变化很小。冠层反射率仅在近红外波段处随着干物质含量的增加而微弱减小,变化极不显著。

(5)叶面积指数 LAI

在可见光波段,LAI 变化敏感度较低,冠层反射率变化很小;在红外波段,冠层反射率随着 LAI 的增大而增大,变化较为显著。

(6)平均叶倾角 ALA

在可见光波段,冠层反射率的变化很小;在波长大于 800nm 的近红外波段,随着 ALA 的不断增加，冠层反射率不断减小，但变化不显著。

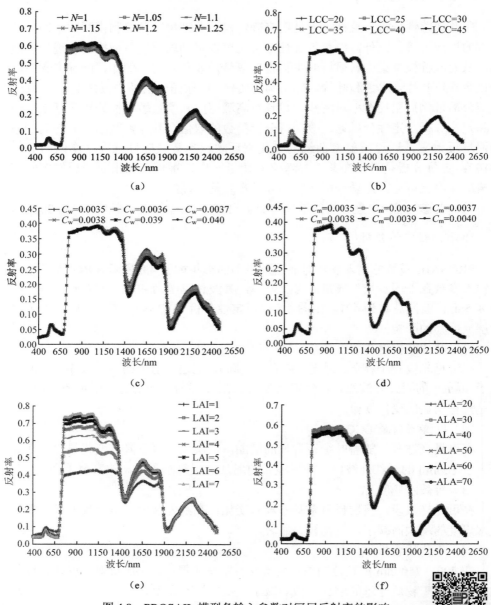

图 4.8 PROSAIL 模型各输入参数对冠层反射率的影响

通过上述分析可知，在可见光波段范围内（400～700nm），叶片结构参数 N、等效水厚度 C_w、干物质含量 C_m、叶面积指数 LAI、平均叶倾角 ALA 等的变化对毛竹林冠层反射率影响较小，敏感度低；叶绿素含量 LCC 的变化对毛竹林冠层反射率影响较为显著，这主要是因为叶绿素的吸收峰在可见光范围内（叶绿素 a 为 430nm 和 660nm，叶绿素 b 为 460nm 和 640nm），随着叶绿素含量的增加，叶绿素对可见光谱的吸收也在增加，在波长大于 750nm 的近红外波段，冠层反射率基本一致；在蓝光和绿光波段冠层反射率对 LAI 的变化敏感度较低，在红光、近红外和短波红外波段冠层反射率对 LAI 的变化敏感度较高，随着 LAI 不断增大，反射率明显下降。综上所述，各参数敏感性由高到低依次为 LAI>LCC>N>ALA>C_w>C_m。

2. 敏感性定量分析

PROSAIL 模型输入参数敏感性分析如图 4.9 所示，该模型输入参数由式（4-7）定量计算得到，各参数敏感性由高到低依次为 LAI>LCC>N>ALA>C_w>C_m，这一结果与定性分析结果是一致的。

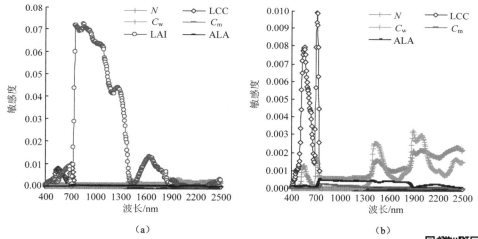

图 4.9　PROSAIL 模型输入参数敏感性分析

4.4.3　模型参数优化结果

由图 4.8（e）可知，红光、近红外和短波红外等 3 个波段对 LAI 敏感度较高，因此选择 TM 影像中与其对应的 3、4、5 波段参与反演。模型敏感性分析表明，LAI 和 LCC 在红光、近红外、短波红外波段（分别对应 TM 影像的 3、4、5 波段）的敏感性高，因此给予这两个参数一定范围和步长（表 4.2）；对于在红光、近红外、短波红外波段敏感性较低的参数，结合山川乡样地实地测量数据及查找文献取值：①叶片结构参数 N、等效水厚度 C_w、干物质含量 C_m 取模型模拟最优值。②平均叶倾角 ALA、漫反射系数 Diff 等取实测数据的平均值。

表 4.2　PROSAIL 模型的参数设置

参数	范围	步长	参数	范围	步长
叶子结构 N	1.04	/	热点参数	0.0003	/
叶绿素含量 LCC/（ug·cm^{-2}）	[35,80]	5	漫反射系数	0.15	/
水含量 C_w（g·cm^{-2}）	0.0035	/	太阳天顶角 θ_s	27°	/
干物质含量 C_m（g·cm^{-2}）	0.003	/	观测天顶角 θ_v	0°	/
叶面积指数 LAI	[0.6,7]	0.05	太阳与观测相对方位角 φ	0°	/
平均叶倾角 ALA	20.2°	/			

注：本研究中针对 TM 影像，因其边界像元观测方位角偏离星下小于 7.5°，差异较小，为简化模型算法；θ_v 和 φ 均取 0°；/表示没有步长。

4.5　建立查找表

查找表反演 LAI 的方法实际上是在反演前用模型计算出不同的输入-输出组合，建立冠层叶面积指数与冠层反射率之间的对应关系。根据 PROSAIL 模型参数敏感性分析结果和实验数据确定模型输入参数变动范围及步长，模拟不同参数组合下的冠层反射率，在模型反演过程中 SAIL 模型叶面积指数 LAI 变化范围在 0.6～7.0 之间；将反演的冠层反射率建立光谱库，并将反射光谱重采样至 Landsat TM 中心波长处，建立毛竹林 LAI-冠层反射率查找表。

通过以上设置，PROSAIL 模型一共反演 1548 种组合，由此构建的毛竹林 LAI-冠层反射率查找表见表 4.3（限于篇幅，表 4.3 只给出部分数据）。

表 4.3　毛竹林 LAI-冠层反射率查找表

LCC/（ug·cm^{-2}）	LAI	TM3	TM4	TM5	LCC/（ug·cm^{-2}）	LAI	TM3	TM4	TM5
35	0.60	0.056 059	0.256 665	0.235 514	65	0.60	0.051 731	0.257 063	0.236 202
35	0.65	0.053 482	0.264 561	0.239 851	65	0.65	0.049 046	0.264 992	0.240 590
35	0.70	0.051 115	0.272 270	0.244 070	65	0.70	0.046 589	0.272 734	0.244 859
...	...				...	...			
35	6.90	0.024 787	0.601 363	0.382 084	65	6.90	0.020 536	0.605 042	0.385 328
35	6.95	0.024 791	0.601 994	0.382 196	65	6.95	0.020 540	0.605 689	0.385 443
35	7.00	0.024 795	0.602 614	0.382 305	65	7.00	0.020 544	0.606 326	0.385 556
...	...				...	...			
50	0.60	0.053 016	0.256 665	0.235 514	85	0.60	0.051 320	0.257 063	0.236 202
50	0.65	0.050 356	0.264 561	0.239 851	85	0.65	0.048 629	0.264 992	0.240 590
50	0.70	0.047 918	0.272 270	0.244 070	85	0.70	0.046 169	0.272 734	0.244 859
...	...				...	...			
50	6.90	0.021 619	0.601 994	0.382 196	85	6.90	0.020 262	0.605 042	0.385 328
50	6.95	0.021 615	0.601 363	0.382 084	85	6.95	0.020 266	0.605 689	0.385 443
50	7.00	0.021 623	0.602 614	0.382 305	85	7.00	0.020 270	0.606 326	0.385 556
...	...				...	...			

4.6　LAI 反演结果与分析

根据 TM 毛竹林遥感信息图，分别提取 TM 影像 3、4、5 三个波段毛竹林像元反射率，然后寻找它们参与反演的波段与毛竹林 LAI-冠层反射率查找表中对应波段相关性最大的记录[见式（4-7）]，则该记录所对应的 LAI 即为该像元 LAI 的反演结果。

$$\max(R(\rho_{\mathrm{TM}_i}, \rho_{\mathrm{LUT}_j})) = \max\left(\frac{\mathrm{Cov}(\rho_{\mathrm{TM}_i}, \rho_{\mathrm{LUT}_j})}{\sqrt{\mathrm{Cov}(\rho_{\mathrm{TM}_i}, \rho_{\mathrm{TM}_i})\mathrm{Cov}(\rho_{\mathrm{LUT}_j}, \rho_{\mathrm{LUT}_j})}}\right) \quad (4\text{-}7)$$

式中，R 为相关系数；Cov 为协方差，ρ_{TM_i} 为 TM 影像第 i 个像元反射率；ρ_{LUT_j} 为查找表第 j 个 LAI 对应的反射率。

由毛竹林LAI-冠层反射率查找表反演得到安吉县山川乡毛竹林LAI空间分布图，如图4.10（a）所示。实测 11 块样地 LAI 对模型反演得到的 LAI 进行精度评价，如图4.10（b）所示。研究结果表明，PROSAIL 反演得到的 LAI 和实测 LAI 具有很好的相关性，相关指数 R^2 为 0.8951；另外，均方根误差 RMSE 和相对均方根误差 RMSEr 也较小，分别为 0.58 和 12.98%，说明 PROSAIL 模型反演 LAI 的估计误差较小。

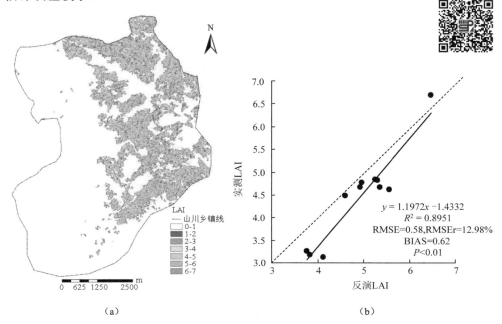

（a）　　　　　　　　　　　　　（b）

图 4.10　基于 PROSAIL 模型毛竹林 LAI 反演结果及其精度评价

由图 4.10（b）可知所选样本 BIAS>0，说明 PROSAIL 模型反演 LAI 的平均值有所高估，其可能原因包括两方面。

1）WinSACANOPY 获取冠层影像时易受坡度等地形因子的影响，当地形复杂、坡度较大时，可能导致 WinSACANOPY 在视场范围内出现冠层叠加现象，从而导致 LAI 测量结果减小；另外，WinSACANOPY 冠层分析仪是采用比尔定律计算 LAI 的[见式（4-3）、式（4-4）]，仪器的设置、天空光等都会造成 LAI 估算误差，使得利用 WinScanopy 间接测量的 LAI 值可能低于直接调查的 LAI 值（高登涛，2006；阎腾飞 等，2011）。

2）PROSAIL 模型在反演过程中由于受到自身参数的不确定性及敏感性影响，也可能带来误差。例如，本研究仅设置了 LAI、Cab 为最敏感的参数而忽视了其他参数，从而影响毛竹林 LAI-冠层反射率查找表的精度。毛竹林反射率光谱曲线如图 4.11 所示，将 11 块样地实测叶片平均反射率和 PROSPECT 模型模拟的叶片反射率以及 11 块样地对应 TM 数据像元平均反射率和 SAIL 模型模拟的冠层反射率对比分析可知，实测叶片反射率和 PROSPECT 模拟的叶片反射率比较接近，但由 SAIL 模型将叶片反射率转换为冠层反射率后，其值在可见光波段略低于像元反射率，而在近红外波段却明显高于像元反射率。一般采用 FLAASH 大气校正模型能够得到较为理想的地物光谱特征信息（张婷媛 等，2009；吴彬 等，2010）。先前的研究也表明，经过 FLAASH 模型校正后，毛竹林光谱特征能够得到较好的表现（范渭亮 等，2010）。因此，冠层模拟反射率尤其是本研究所选择的 TM 影像 3、4、5 三个波段中的 4、5 波段反射率高估，可能造成 LAI 高估。

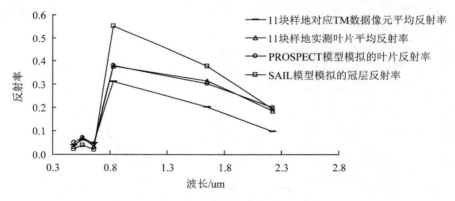

图 4.11 毛竹林反射率光谱曲线

4.7 叶绿素含量反演结果与分析

4.7.1 叶绿素含量对冠层反射率影响

PROSAIL 模型敏感性分析表明，叶绿素含量在可见光波段对冠层反射率具有较大影响。为了进一步分析叶绿素含量及其在不同 LAI 下对冠层反射率的影响，我们取 LCC 在 35～55ug/cm² 之间变化，步长为 10，叶面积指数为 2、4、6，其他参数为固定值，代入 PROSAIL 模型，模拟叶片和冠层反射率。反射率随叶绿素含量变化图如图 4.12 所示。

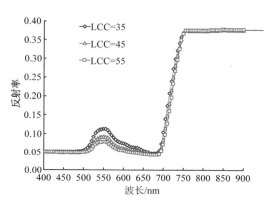

（a）LCC 分别为 35ug/cm²、45ug/cm²、55ug/cm² 时叶片反射率曲线

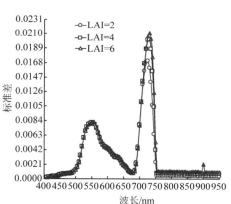

（b）LCC 对叶片反射率影响的变化曲线

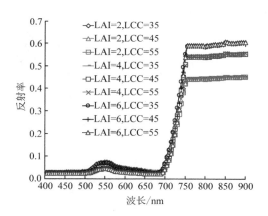

（c）LAI=2、4、6 时，LCC 分别为 35ug/cm²、45ug/cm²、55ug/cm² 时冠层反射率曲线

（d）LCC 对冠层反射率影响的变化曲线

图 4.12　反射率随叶绿素含量变化图

　　由图 4.12（a）可知，在 500～700nm 范围内，叶片反射率随着叶绿素含量增加而递减，变化幅度明显；但当波长>700nm 后，反射率基本没变化，反射率曲线接近重合。

　　由图 4.12（b）可知，对图 4.12（a）中 3 条叶片反射率曲线在同一波段取标准差，得到叶绿素取不同值时反射率的标准差，在叶绿素反射波段 555nm 处、吸收波段 715nm 处出现了峰值。

由图 4.12（c）可知，冠层反射率受叶绿素含量影响的变化趋势与叶片反射率受叶绿素含量影响的变化趋势基本相同，但当叶面积指数 LAI 增大时，在 500～700nm 范围内冠层反射率降低，而当波长>700nm 后冠层反射率增高。

图 4.12（d）是 LAI 分别为 2、4、6 时，叶绿素含量从 35ug/cm^2 逐渐变化到 55ug/cm^2 时冠层反射率标准差变化线。由图 4.12（d）可知，在 400～715nm 范围内，不同 LAI 对冠层反射率的标准差变化较小，在 555nm 处出现峰值；当波长 715nm 后。不同 LAI 对冠层反射率的标准差变化显著。此外，冠层反射率标准差的峰值随叶面积指数不同而有所变化，当 LAI=2 时，峰值位于 725nm 处；当 LAI=4 和 LAI=6 时，峰值位于 730nm 处，基本呈右移趋势。

由上述分析可知，叶片叶绿素含量的变化对冠层反射率的影响与叶面积指数有关，即在模拟冠层反射率时既要考虑到叶绿素含量，又要考虑到叶面积指数。

4.7.2　叶片及冠层叶绿素含量反演

与 LAI 反演类似，由查找表可以反演得到毛竹林叶绿素含量，但查找表中的叶绿素含量是叶片水平上的。在叶片叶绿素含量（LCC）反演的基础上，根据 LAI 反演结果，利用式（4-5）计算得到冠层水平上的叶绿素含量（CCC）。

基于 PROSAIL 模型毛竹林 LCC 反演结果和 CCC 反演结果如图 4.13 所示。

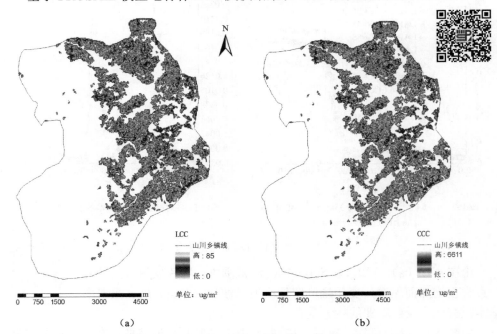

图 4.13　基于 PROSAIL 模型毛竹林 LCC 反演结果和 CCC 反演结果

用实测 11 块样地的冠层叶绿素含量数据对模型反演的冠层叶绿素含量进行精度评价（实测 CCC 对反演 CCC 精度评价）如图 4.14 所示，模型反演的冠层叶绿素含量和样地实测冠层叶绿素含量具有很好的相关性，相关指数 R^2 为 0.612，相对均方根误差 RMSEr 为 13.98%，说明 PROSAIL 模型反演 CCC 的估计误差较小，反演结果较为满意。

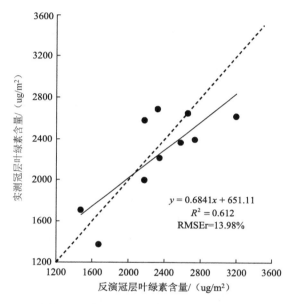

$$y = 0.6841x + 651.11$$
$$R^2 = 0.612$$
$$RMSEr=13.98\%$$

图 4.14　实测 CCC 对反演 CCC 精度评价

4.8　小　　结

　　PROSAIL 辐射传输模型耦合了叶片光学特性模型 PROSPECT 和冠层反射率模型 SAIL，考虑了土壤背景、植被冠层的热点效应及叶倾角分布反射特征，将叶片尺度反射率转换为冠层尺度反射率，很好地描述太阳辐射的吸收、二向反射、透射及其辐射在毛竹林冠层的传递等物理机制，加上模型输入包括叶绿素等生化组分，使得模型机理较为明确。但在模型反演叶面积指数的过程中，由于存在模型参数的获取以及参数敏感度的多次迭代分析等问题，使得计算量较大。对于大范围区域，如果逐像元循环查找表反演 LAI，会降低计算机的运行速度（李海洋等，2011），这有待进一步研究解决。鉴于混合模型能够结合统计方法简单、物理模型过程明确的优点，我们将进一步研究基于混合模型（物理模型和统计模型相结合的模型）的毛竹林参数多尺度反演。

参 考 文 献

陈新芳，陈镜明，安树青，等，2006. 不同大气校正方法对森林叶面积指数遥感估算影响的比较[J]. 生态学杂志，
　　25(7): 769-773.

杜华强，葛宏立，范文义，等，2009. 马尾松针叶光谱特征与其叶绿素含量间关系研究[J]. 光谱学与光谱分析(11):
　　3033-3037.

范渭亮，杜华强，周国模，等，2010. 大气校正对毛竹林生物量遥感估算的影响[J]. 应用生态学报(1): 1-8.

高登涛，韩明玉，李丙智，等，2006. 冠层分析仪在苹果树冠结构光学特性方面的研究[J]. 西北农业学报，15(3):
　　166-170.

李海洋，范文义，于颖，等，2011. 基于 Prospect、Liberty 和 Geosail 模型的森林叶面积指数的反演[J]. 林业科
　　学，47(9): 75-81.

李明泽，赵晓红，卢伟，等，2013. 基于机载高光谱影像的植被冠层叶绿素反演[J]. 应用生态学报，24(1): 177-182.

李淑敏，李红，孙丹峰，等，2010. PROSAIL 冠层光谱模型遥感反演区域叶面积指数[J]. 光谱学与光谱分析，29(10):
　　2725.

李英成，1994. 数字遥感影像地形效应分析及校正[J]. 北京测绘，2: 14-19.

李云梅，倪绍祥，王秀珍，2003. 线性回归模型估算水稻叶片叶绿素含量的适宜性分析[J]. 遥感学报，7(5): 364-371.

刘照言，马灵玲，唐伶俐，2010. 基于 SAIL 模型的多角度多光谱遥感叶面积指数反演[J]. 干旱区地理，33(1): 93-98.

牛铮，王长耀，等，2008. 碳循环遥感基础与应用[M]. 北京：科学出版社.

浦瑞良，宫鹏，2000. 高光谱遥感及其应用[M]. 北京：高等教育出版社.

孙源，顾行发，余涛，等，2011. 基于 HJ-IACCD 数据的辐射传输模型反演叶面积指数研究[J]. 安徽农业科学，
　　39(8): 5012-5015.

吴彬，苗放，叶成名，等，2010. 基于 FLAASH 的高光谱遥感数据大气校正应用[J]. 物探化探计算技术，32(4):
　　442-445.

武佳丽，顾行发，余涛，等，2010. 基于 SAIL 模型的 HJ-1 卫星 LAI 反演算法研究[J]. 微计算机信息，10: 204-206.

徐希孺，范闻捷，陶欣，2009. 遥感反演连续植被叶面积指数的空间尺度效应[J]. 中国科学：D 辑，1: 79-87.

徐希孺，2005. 遥感物理[M]. 北京：北京大学出版社.

阎腾飞，王华田，耿兵，等，2011. 25 年生'富士'苹果园冠层光能分布格局及其季节变化规律[J]. 中国农学通
　　报，27(16): 200-205.

颜春燕，蒋耿明，王成，2003. 植被单叶光谱特性的理论模拟[J]. 遥感学报，7(2): 81-85.

张婷媛，林文鹏，陈家治，等，2009. 基于 FLAASH 和 6S 模型的 SPOT 5 大气校正比较研究[J]. 光电子·激光，
　　20(21): 1471-1473.

赵平，曾小平，蔡锡安，等，2002. 利用数字植物冠层图象分析仪测定南亚热带森林叶面积指数的初步报道[J]. 广
　　西植物(6): 485-489.

BARBARA J Y, RITA E P, 1995. Predicting nitrogen and chlorophyll content and concentrations from reflectance spectra
　　(400-2500nm) at leaf and canopy scales[J]. Remote Sensing of Environment, 53(3): 199-211.

BLACKBURN G A, FERWERDA J G, 2008. Retrieval of chlorophyll concentration from leaf reflectance spectra using
　　wavelet analysis[J]. Remote Sensing of Environment, 112(4): 1614-1632.

CHEN J M, BLACK T A, 1992. Defining leaf area index for non-flat leaves[J]. Plant Cell, Environment, 15(4): 421-429.

DARVISHZADEH R, SKIDMORE A, SCHLERF M, et al., 2008. Inversion of a radiative transfer model for estimating
　　vegetation LAI and chlorophyll in a heterogeneous grassland[J]. Remote Sensing of Environment, 112(5): 2592-2604.

DU H Q, FAN W L, ZHOU G M, et al., 2011. Retrieval of the canopy closure and leaf area index of moso bamboo forest
　　using spectral mixture analysis based on the real scenario simulation[J]. IEEE Transactions on Geoscience and Remote
　　Sensing, 49(11): 4328-4340.

GOEL N S, STREBEL D E, 1983. Inversion of vegetation canopy reflectance models for estimating agronomic variables. I. Problem definition and initial results using the Suits model[J]. Remote Sensing of Environment, 13(6): 487-507.

JACQUEMOUD S, VERDEBOUT J, SCHMUCK G, et al., 1995. Investigation of leaf biochemistry by statistics[J]. Remote Sensing of Environment, 54(3): 180-188.

JACQUEMOUD S, VERHOEF W, BARET F, et al., 2009. PROSPECT+ SAIL models: a review of use for vegetation characterization[J]. Remote Sensing of Environment, 113: 56-66.

JACQUEMOUND S, BARET F, HANOCQ J F, 1993. Modélisation de la réflectance spectrale et directionnelle des sols: application au concept de droite des sols[J]. Cahiers-ORSTOM. Pédologie, 28(1): 31-43.

JACQUEMOUND S, BARET F, 1990. PROSPECT: a model of leaf optical properties spectra[J]. Remote Sensing of Environment, 34(2): 75-91.

JACQUEMOUND S, USTIN S L, VERDEBOUT J, et al., 1996. Estimating leaf biochemistry using the PROSPECT leaf optical properties model[J]. Remote Sensing of Environment, 56(3): 194-202.

JACQUEMOUND S, 1993. Inversion of the PROSPECT+ SAIL canopy reflectance model from AVIRIS equivalent spectra: theoretical study[J]. Remote Sensing of Environment, 44(2): 281-292.

KNYAZIKHIN Y, MARTONCHIK J V, DINER D J, et al., 1998. Estimation of vegetation canopy leaf area index and fraction of absorbed photosynthetically active radiation from atmosphere-corrected MISR data[J]. Journal of Geophysical Research: Atmospheres (1984-2012), 103(D24): 32239-32256.

KUUSK A, 1991. The hot spot effect in plant canopy reflectance[M]. In: R.B. Myneni, J. Ross(Eds.) Photon-Vegetation Interactions. Applications in Optical Remote Sensing and Plant Ecology, Springer Verlag, Berlin: 139-159.

NILSONT, KUUSK A, 1989. A reflectance model for the homogeneous plant canopy and its inversion[J]. Remote Sensing of Environment, 27(2): 157-167.

PENUELAS J, BARET F, FILELLA I, 1995. Semi-empirical indices to assess carotenoid/chlorophyll a ratio from leaf spectral reflectance[J]. Photosynthetica, 31(2): 221-230.

PRIVETTE J L, EMERY W J, Schimel D S, 1996. Inversion of a vegetation reflectance model with NOAA AVHRR data[J]. Remote Sensing of Environment, 58(2): 187-200.

VERHOEF W, 1984. Light scattering by leaf layers with application to canopy reflectance modeling: the SAIL model[J]. Remote Sensing of Environment, 16(2): 125-141.

VYAS D, CHRISTIAN B, KRISHNAYYA N S R, 2013. Canopy level estimations of chlorophyll and LAI for two tropical species (teak and bamboo) from Hyperion (EO1) data[J]. International Journal of Remote Sensing, 34(5): 1676-1690.

WEISS M, BARET F, 1999. Evaluation of canopy biophysical variable retrieval performances from the accumulation of large swath satellite data[J]. Remote Sensing of Environment, 70(3): 293-306.

WIKIPEDIA, 2009. WinScanopy 2009a For Canopy Analysis[Z]. New York: Regent instruments INC.

WU C, NIU Z, TANG Q, et al., 2008. Estimating chlorophyll content from hyperspectral vegetation indices: modeling and validation[J]. Agricultural and Forest Meteorology, 148(8): 1230-1241.

ZARCO-TEJADA P J, MILLER J R, MORALES A, et al., 2004. Hyperspectral indices and model simulation for chlorophyll estimation in open-canopy tree crops[J]. Remote Sensing of Environment, 90(4): 463-476.

ZOU X B, SHI J Y, HAO L M, et al., 2011. In vivo noninvasive detection of chlorophyll distribution in cucumber (*Cucumis sativus*) leaves by indices based on hyperspectral imaging[J]. Analytica Chimica Acta, 706(1): 105-112.

第 5 章　几何光学模型结合神经网络的毛竹林郁闭度多源遥感反演

5.1　引　言

郁闭度是指林冠垂直投影面积与林地面积之比，它不仅可以反映林冠的郁闭程度和树木利用空间的程度，也可以指示林分密度，是森林资源调查的一个重要因子（李永宁 等，2008）。此外，郁闭度也是森林经营管理中进行小班区划、确定抚育采伐强度等的重要指标，已成为利用遥感影像进行森林蓄积量估测不可或缺的影响因子（吴飚 等，2012）。郁闭度是重要的森林冠层参数，郁闭度及其空间分布估算不但可以帮助理解和监测森林结构信息，而且在评价森林生产力以及生态系统对气候变化和人类活动的响应等方面都有着重要意义。

国内外已有较多测定森林郁闭度的方法（李永宁 等，2008）。由于遥感方法具有稳定性、重复测量的可靠性及全球覆盖等优势，利用遥感技术定量反演森林冠层生物物理和生物化学等参数已被广泛应用于地表和大气过程研究中（梁顺林 等，2009）。例如，Pu等（2003）基于Landsat TM数据，采用无约束最小二乘法和人工神经网络模型预测得到橡木的冠层郁闭度；Xu等（2003）利用Landsat TM影像对加利福尼亚干季橡木冠层郁闭度进行估算，并比较分析了各种指数与郁闭度的相关性；Atzberger（2004）采用面向对象技术，并结合人工神经网络方法和辐射传输模型，实现了冠层生物物理参数的反演；李奇等（2008）采用改进的EM算法对LIDAR波形数据进行分解，得到了植被高度、森林郁闭度等结构参数，用以描述森林水平结构和垂直结构的特性；Chopping等（2008）基于MISR数据，提出了将几何光学模型应用于沙漠草原灌木覆盖反演的思路；Zeng等（2008）以Landsat TM影像和MODIS影像为数据源，在混合像元分解的基础上，利用几何光学模型定量估算了中国三峡地区森林郁闭度等参数，并对其动态变化进行了分析，取得了较为满意的结果。随着遥感技术的快速发展，SPOT、IKONOS、QuickBird、Hyperion等高空间、高光谱分辨率遥感数据也日益广泛应用于森林参数估算。例如，Chubey等（2006）在对IKONOS-2数据分割的基础上，利用决策树分析了影像对象的光谱、空间属性与森林调查参数之间的关系，并由此得到了森林树种组成及冠层郁闭度等信息；Zeng等（2007，2009）采用QuickBird、Hyperion等数据，利用几何光学模型对森林冠层结构参数进行了定量估算研究，实现了森林冠层结构的大面积估算；Wolter等（2009）利用SPOT5遥感数据对森林结构参数进行了估算，估算结果显示，多分辨率SPOT5数据可以替代LIDAR数据进行区域森林生物物理参数估计；Song等（2010）采用IKONOS和QuickBird数据，提出了通过影像方差比综合样地数据及遥感影像的优势来估算冠层直径的方法，得到了满意的结果。

由上述可知，采用多种遥感数据进行森林郁闭度定量反演的研究已经取得了很大进展。此外，近年来无人机遥感技术已经广泛应用于森林资源等的调查与监测，并以其高时效、高分辨率的特性成为气象监测、资源调查与监测、测量及突发事件处理等方面的新手段（金伟 等，2009）。例如，张园等（2011）采用无人机遥感数据，并结合地理信息系统（GIS）与全球定位系统（GPS）技术，对无人机遥感技术在森林精确区划调查、森林病虫害监测防治方面的应用展开研究；在土地利用分类方面，鲁恒（2012）利用无人机低空遥感平台获取的高分辨率影像数据，通过无人机影像自动快速拼接、无人机影像自动展绘控制点以及选择影像最佳分割尺度等方法，并采用面向对象分类方法对无人机影像进行分类，形成一套利用无人机影像进行土地快速巡查的技术体系；赵海龙（2012）采用支持向量机和面向对象分类方法，对无人机高分辨率彩色灾害区域影像进行信息提取，实现了地面信息的高精度提取；彭培盛等（2013）利用无人机影像提取DEM，实现了对研究区森林景观的三维可视化。此外，在定量信息提取方面，已有研究者基于无人机遥感数据构建土壤湿度预测模型，进行土壤湿度预测（王斌，2009）。由上述可知，无人机遥感数据在森林资源监测、土地利用分类及定量信息提取等方面的应用研究均有所进展，其在森林参数定量反演方面的应用研究还有待进一步开展。

本章将利用 Li-Strahler 几何光学模型（Li-Strahler geometric-optical model，LSGM）对无人机航拍局部区域毛竹林郁闭度进行精确反演，并在此基础上，结合我们先前提出的 ErfBP 模型（杜华强 等，2012），利用 SPOT5 和 Landsat TM 卫星遥感数据，实现由乡镇区域到县域尺度的毛竹林冠层郁闭度多源多尺度遥感反演。本章技术路线如图 5.1 所示。

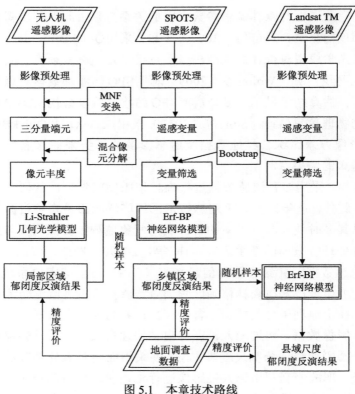

图 5.1   本章技术路线

5.2   研究方法

5.2.1   研究区概况

研究区位于浙江省安吉县及其境内的山川乡。安吉县位于浙江省西北部,东经 119°14′~119°52′,北纬 30°23′~30°53′。全县行政区域总面积为 1886km²,森林覆盖率为 71.7%,竹林资源丰富,其中毛竹林面积为 5.53 万公顷,约占全县林地面积的 45%。有关山川乡的相关介绍参见第 4 章 4.3.1 小节。

5.2.2   遥感数据及预处理

1. 无人机航拍数据

我们委托浙江省第二测绘院于 2012 年 9 月 1 日上午采用 ZC-2 型无人机在安吉县山川乡毛竹林碳汇研究基地进行航拍,航拍面积共计 3km²,航拍作业区如图 5.2 所示。

图 5.2　航拍作业区

本次航拍作业主要依据《航空摄影技术设计规范》（GB/T 19294—2003）、《低空数字航空航摄测量内业规范》（CH/Z 3003—2010）、《低空数字航空航摄测量外业规范》（CH/Z 3004—2010）、《低空数字航空摄影规范》（CH/Z 3005—2010）、《无人机航摄安全作业基本要求》（CH/Z 3001—2010）、《无人机航摄系统技术要求》（CH/Z 3002—2010）、《全球定位系统（GPS）测量规范》（GB/T 18314—2009）、《数字测绘产品检查验收规定和质量评定》（GB/T 18316—2008）等规范或技术要求进行。航摄采用非量测 Canon EOS 5D MARKII 相机，焦距为 35mm，分辨率为 6.4u，行列数为 5616×3744。航摄时航高为 900m，为保证在大风天气下不会出现航摄漏洞，加大了旁向重叠度，航向重叠度设计为 75%，旁向重叠度设计为 50%。航摄像片共计 210 张，影像清晰，质量较好，能够准确分辨地面上的植被和安装的通量塔设备。航片获取后，依次进行空三加密、相对定向、绝对定向、数字高程模型（DEM）提取和数字正射影像（DOM）制作等处理以获得航拍区的正射影像。正射影像制作流程如图 5.3 所示。航拍区无人机遥感影像拼接如图 5.4 所示。航拍区无人机遥感影像正射纠正如图 5.5 所示。另外，本研究采用的平面坐标系统为 1954 坐标系，投影方式为高斯-克吕格投影。

2. 卫星遥感数据

2012 年 4 月 22 日获取的 SPOT5 影像，包括空间分辨率为 2.5m 的全色波段和空间分辨率为 10m 的 4 个多光谱波段。以安吉县 1:50 000 地形图为参考图，对 SPOT5 多光谱波段影像采用 2 次多项式进行几何校正，并采用最近邻法将像元大小重采样到 10m 分辨率，校正总误差为 0.1701 个像元。Landsat TM 影像于 2011 年 7 月 30 日获取（热红外波段除外），采用同样的方法对其进行几何精校正，校正总误差为 0.43 个像元。

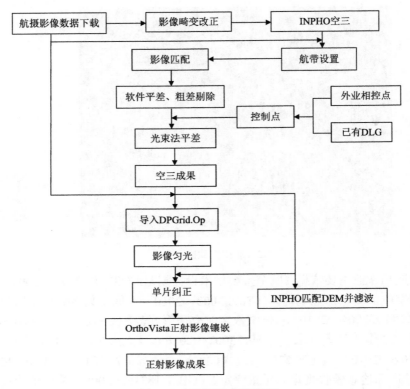

图 5.3 正射影像制作流程

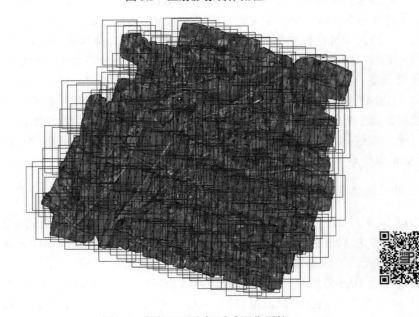

图 5.4 航拍区无人机遥感影像拼接

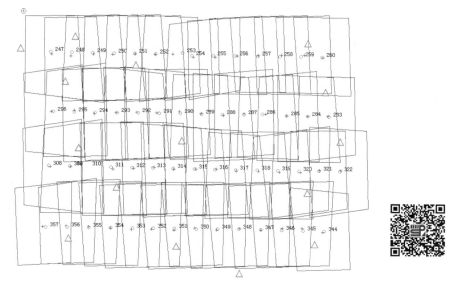

图 5.5　航拍区无人机遥感影像正射纠正

5.2.3　野外数据

2011 年 8 月中旬以及 2012 年 8 月至 9 月期间，在研究区设置了 60 块野外样地，采用 WinSCANOPY 冠层分析仪获取样地毛竹林冠层郁闭度（field measured canopy closure，FM_CC）。首先在每块样地的四角及中心设置 5 个采样点，用 WinSCANOPY 冠层分析仪拍摄 5 幅冠层影像，然后用 WinSCANOPY 软件分析系统计算郁闭度。郁闭度计算原理及过程为：①将所选定的范围按天顶角从 2.5° 开始每隔 5° 将影像 18 等分，形成 18 个面积不同的环形，同时又按照方位角每 45° 划分一个区域，共分成 8 个区域，这样，一张冠层影像就分成了 144 个面域［参见第 4 章图 4.2（b）］。②按照每个面域分别计算孔隙面积，从而计算出整幅冠层影像的孔隙度。③观测区郁闭度等于 1 减去孔隙度。

5.3　Li-Strahler 几何光学模型

最有代表性的几何光学模型是20世纪80年代李小文提出的Li-Strahler几何光学模型（Li-Strahler geometric-optical）（Li et al.，1985；Li et al.，1986）。Li-Strahler 几何光学模型基于双向反射率分布函数（BRDF）的假设，将像元表示为光照冠层（C）、阴影冠层（T）、光照背景（G）和阴影背景（Z）4个分量，则影像像元值R可以表示为（Zeng et al.，2007；Zeng et al.，2009）

$$R = K_g G + K_c C + K_t T + K_z Z \qquad (5\text{-}1)$$

式中，K_g、K_c、K_t、K_z 分别为 4 个分量所占像元的比例。在逆几何光学模型中，需要利用光照背景比例（K_g）来反演森林平均冠层郁闭度 CC。

根据 Boolean 模型，光照背景比例可以表示为

$$K_g = e^{-\pi M[\sec\theta_i + \sec\theta_v - O(\theta_i,\theta_v,\varphi)]} \tag{5-2}$$

式中，θ_i 和 θ_v 分别为光照天顶角和观测天顶角；$O(\theta_i,\theta_v,\varphi)$ 为单株树木投影到背景的光照和观测阴影之间的重叠部分；φ 为光照方位角 φ_i 和观测方位角 φ_v 的差值；M 为林木覆盖指数 m 的均值，定义为 $m = \Lambda r^2$，其中，Λ 为单位面积树木的数量，r 为冠层的水平半径。

主平面重叠部分的计算公式为

$$O(\theta_i,\theta_v,\varphi) = \frac{1}{\pi(\sec\theta_i + \sec\theta_v)(t - \sin t \cos t)} \tag{5-3}$$

$$\cos t = \frac{h|\tan\theta_i - \tan\theta_v \cos\varphi|}{r(\sec\theta_i + \sec\theta_v)} \tag{5-4}$$

式中，h 为从地面到树冠中间的高度；t 的取值范围为 $[0, \pi/2]$。

根据式（5-2）和式（5-3）即可得到 M 的表达式：

$$M = \frac{-\ln(K_g)}{(\sec\theta_i + \sec\theta_v)(\pi - t + \sin t \cos t)} \tag{5-5}$$

根据泊松分布理论，平均冠层郁闭度（CC）则可由式（5-6）计算得到（徐希儒 等，2005）。

$$CC = e^{-\pi M} \tag{5-6}$$

光照天顶角、光照方位角、观测天顶角和观测方位角可以按照无人机影像拍摄的时间及经纬度计算得到；h 和 r 可以通过野外调查毛竹测量获得。研究区几何光学模型参数见表 5.1。

表 5.1 几何光学模型参数

参数	参数值	参数	参数值
光照天顶角（θ_i）	27°	观测方位角（φ_v）	30°
观测天顶角（θ_v）	0°	从地面到冠层中间的高度（h）	9.5375
光照方位角（φ_i）	100°	冠层水平半径（r）	2.3331

5.4 Erf-BP 模型

Erf-BP 神经网络是指以高斯误差函数（Gaussian error function，Erf）作为隐含层激活函数的前馈神经网络 BP 算法，即以高斯误差函数作为新的激活函数应用到隐含层中，输出层激活函数采用 Logsig 函数，则模型表达式为

$$Y_{\text{Erf-BP}} = \frac{Y_{\max} - Y_{\min}}{1 - \exp\left[-\left\{\text{Erf}\left[X_{\text{norm}} \times \text{IW} + \text{ones}(n,1) \times b_1\right] \times \text{LW} + \text{ones}(n,1) \times b_2\right\}\right]} + Y_{\min} \tag{5-7}$$

式中，Y_{max} 和 Y_{min} 分别为输出变量（冠层郁闭度）的最大值和最小值；X_{norm} 为归一化的输入变量（自变量），其矩阵形式是列数等于输入变量，行数等于样本个数；IW 和 b_1 分别为隐含层与输入层之间的连接权值和阈值，IW 以输入变量个数为行，以隐含层个数为列；LW 和 b_2 分别为输出层与隐含层之间的连接权值和阈值，LW 以隐含层个数为行，以输出层个数为列；n 为样本个数。关于该模型更详细的介绍请参考《竹林生物量碳储量遥感定量估算》一书。

5.5　无人机航拍区几何光学模型郁闭度反演

5.5.1　几何光学模型分量计算

利用几何光学模型进行郁闭度估算的关键是获取光照背景在像元中的比例，因此要对影像进行混合像元分解。由于无人机数据只有 3 个可见光波段，因此无法分解得到光照冠层（C）、阴影冠层（T）、光照背景（G）和阴影背景（Z）4 个分量，为简化运算，参考相关文献（Hu et al.，2004），将式 5-1 中阴影冠层（T）和阴影背景（Z）两个分量合并为阴影分量（S）。混合像元的分解主要包括端元获取和混合像元分解两个过程，简要介绍如下。

1. 端元获取

端元也称纯净像元。端元获取是进行遥感影像混合像元分解的首要步骤，也是关键步骤，其选择结果直接影响混合像元分解的精度（徐小军 等，2011）。前人已经提出了许多端元提取方法，如最小噪声分离法、纯净指数法、主成分变换法、实测法、模型模拟法等（Hu et al.，2004；Du et al.，2011）。最小噪声分离变换（minimum noise fraction，MNF）是常用的端元获取方法之一，其本质上是含有两次叠置处理的主成分分析（肖雄斌 等，2012；顾海燕 等，2007；李海涛 等，2007）。经 MNF 变换之后得到的信息大部分集中在前几个向量，随着波段数的增加，影像质量逐渐下降，并且按照信噪比从大到小的顺序排列，从而克服了噪声对影像质量的影响，对端元的选取有较好的帮助。因此，本研究采用 MNF 法获取 3 个分量的端元。

MNF1、3 两个分量的二维散点图及端元选取如图 5.6 所示。由图 5.6 可知，C、G 和 S 3 个分量主要分布在由 MNF1、3 分量散点图所构成三角形的 3 个角点处。最终光谱端元的确定包括端元数量及其相应的光谱特征两个方面（Pu et al.，2008），为此，在 3 个角点区域选择三分量端元，其中 C 分量选择了 179 个，G 分量选择了 180 个，而 S 分量则选择了 451 个，最后，以各分量端元对应像元的平均值作为最终光谱端元。三端元光谱曲线如图 5.7 所示。

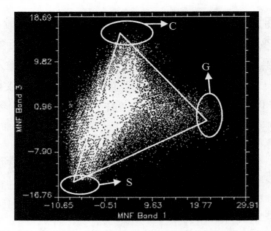

图 5.6　MNF1、3 两个分量的二维散点图及端元选取

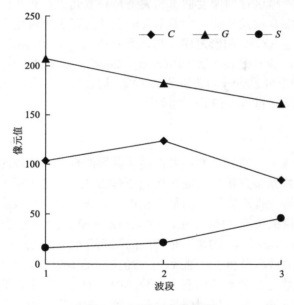

图 5.7　三端元光谱曲线

选取的端元要尽量体现各成分的光谱信息。由图 5.7 分析可知：①毛竹冠层光照面具有明显的植被光谱特征（第二波段的绿峰），背景光照面反射率较高，而阴影面（包括冠层和背景）反射率较低，这与四分量的一般特征是相同的（Hu et al.，2004）。②3 个最终光谱端元也与先前研究采用场景模拟或实测得到的端元具有相似特征（范渭亮 等，2010；Du et al.，2011），即 3 个分量在各个波段上的差异明显，其中 G 分量在各波段上的光谱值最高，S 分量在各波段上的光谱值最低，C 分量介于 G 分量和 S 分量之间。说明通过 MNF 选取的研究区三分量最终光谱端元较好，能够代表三分量的特征。

2. 混合像元分解模型

线性光谱分解模型根据像元内不同端元的光谱特性确定其面积百分比，其模型的一般表达式为（Adams et al.，1995；Townshend et al.，2000；Dennisona，2004；Xiao et al.，2005；Kärdi，2007；万军 等，2003；王天星 等，2008；Zhu，2005）。

$$R_i = \sum_{k=1}^{n} f_k R_{ik} + ER_i \qquad (5\text{-}8)$$

式中，$i = 1, \cdots, m$ 为光谱波段数；$k = 1, \cdots, n$ 为端元数；R_i 为第 i 波段的像元值；f_k 为该像元中第 k 个端元所占比例（丰度）；R_{ik} 为第 i 波段第 k 个端元的辐射值；ER_i 为第 i 波段对应的残差。

式（5-8）为无线性约束的混合像元分解模型，它不能保证 f_k 取值在 0～1，其分解结果往往会出现 $f_k < 0$ 和 $f_k > 1$ 的情况，为解决这一问题，往往需要在模型中加入式（5-9）所示的限制条件，即保证一个像元内各端元的丰度限制在 0～1 之间（Gong et al.，1999；Pu et al.，2008；Lu et al.，2003；Wu，2004）。由式（5-8）和式（5-9）共同构成带线性约束的混合像元分解模型。

$$0 \leqslant f_k \leqslant 1 \quad \text{且} \quad \sum_{k=1}^{n} f_k = 1 \qquad (5\text{-}9)$$

将三分量端元及无人机数据带入混合像元分解模型，就可以得到像元的各分量。

5.5.2　几何光学模型郁闭度反演结果与分析

无约束混合像元分解郁闭度反演结果及其与野外实测郁闭度之间的相关关系如图 5.8 所示。两种混合像元分解郁闭度反演评价结果见表 5.2。反演郁闭度的相对误差如图 5.9 所示。由图 5.8 可知，无人机遥感数据反演郁闭度与野外实测郁闭度之间存在显著的相关关系，相关系数 R 为 0.7678，在一定程度上说明了反演郁闭度的可靠性；然而，由图 5.8 和表 5.2 可知，基于无约束混合像元分解得到的

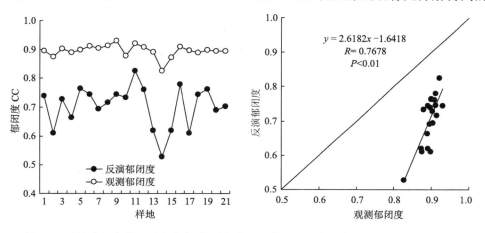

图 5.8　无约束混合像元分解郁闭度反演结果及其与野外实测郁闭度之间的相关关系

表 5.2　两种混合像元分解郁闭度反演评价结果

类型	均值	偏差	均方误差	相关系数 R
无约束	0.7043	−0.1917	0.2047	0.7678
全约束	0.9020	0.0060	0.0398	0.7933
实测	0.8961	—	—	—

毛竹林郁闭度具有较大的 RMSE，而且其反演结果整体小于实测值，即低估严重，相对于实测郁闭度平均值 0.8961（表 5.2），反演郁闭度均值低估了 21.4%，偏差为−0.1917，而且个别样本的相对误差约达 40%（图 5.9）。相对误差取绝对值，下同。

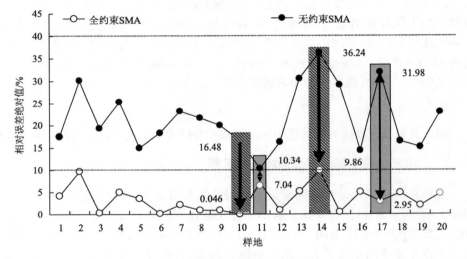

图 5.9　反演郁闭度的相对误差

基于全约束混合像元分解郁闭度反演结果及其与实测郁闭度之间的相关关系如图 5.10 所示。由图 5.10 分析可知，除个别样本存在高估或低估外，其他样本反演郁闭度均与实测值接近；郁闭度反演结果与实测数据在 0.01 显著水平下具有显著的相关性，相关系数 R 为 0.7933；由表 5.2 可知，基于全约束混合像元分解得到的研究区毛竹林郁闭度的均值与实测值非常接近，两者的偏差仅为 0.0060，而且 RMSE 也很小，约为 0.04。

通过对比两种混合像元分解得到的毛竹林郁闭度结果发现，全约束混合像元分解的反演精度明显高于无约束混合像元分解的反演精度（表 5.2），RMSE 降低约 81%，而且相关系数 R 也有一定提高。进一步对比分析基于两种混合像元分解方法的毛竹林郁闭度反演结果的相对误差发现，无约束混合像元分解得到的郁闭度相对误差较大，为 10%～40%，其中 14 号样地的相对误差最大，达到 36.2%，而全约束混合像元分解得到的郁闭度相对误差整体较小，为 0～10%，平均相对误

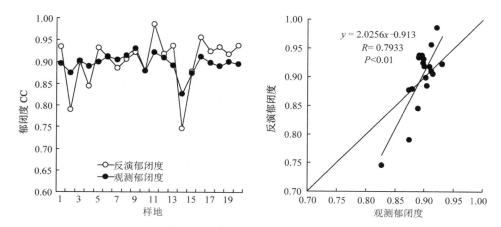

图 5.10　基于全约束混合像元分解郁闭度反演结果及其与实测郁闭度之间的相关关系

差由无约束的 21.39%降低至全约束的 3.49%。两种混合像元分解方法得到的郁闭度除 11 号样地相对误差较为接近外，全约束相对误差均比无约束相对误差有大幅度降低，其中 10 号样地由 16.48%降低至 0.046%，降低了 99.7%，降幅最大，两者相对误差差距最大的 17 号样地的相对误差约降低 91%，相对误差最大的 14 号样地的相对误差也从 36.2%降低至 9.86%，降幅达 72.8%。因此，基于几何光学模型和神经网络模型的毛竹林郁闭度反演，本研究采用全约束混合像元分解结果作为相关数据。全约束混合像元分解得到的毛竹林郁闭度空间分布，即几何光学模型毛竹林郁闭度反演结果如图 5.11 所示。

图 5.11　几何光学模型毛竹林郁闭度反演结果

5.5.3　几何光学模型郁闭度反演需要注意的问题

1）几何光学模型参数的获取。一方面，利用几何光学模型基于无人机遥感数据反演毛竹林郁闭度在一定程度上是可行的，但几何光学模型相关参数的获取是关键，它需要根据不同的植被类型和相应的观测条件、地形条件等进行设置或计算。几何光学模型需要光照天顶角、光照方位角、观测天顶角、观测方位角等角度参数以及 h、r 等测树因子，受观测条件所限，本书采用的光照天顶角等角度参数主要根据研究区经纬度和无人机遥感数据航拍时间计算以及参考该研究区先前文献资料（谷成燕 等，2013）获得的，可能存在少许误差，从而对结果产生影响。另一方面，Li-Strahler 几何光学模型假设背景平坦，而对于山区则需要对各角度参数进行变换以适应地形条件（Zeng et al.，2007），本研究由于无人机航拍区域较小且地形条件相对均一，因此没有对坡度坐标系统进行变换，这也可能在一定程度上影响了郁闭度的反演精度。

2）最终光谱端元的选择及其质量是郁闭度反演精度的关键。本研究获取的最终端元质量较好，但表 5.3 也说明，各最终光谱端元中依然混杂着另外两个分量的光谱成分，这主要是"同物异谱"现象引起的。随着遥感数据空间分辨率的提高，地物细节信息得以充分体现，同时也使得"同物异谱"现象更为严重（孙晓艳 等，2013）。本研究采用的无人机遥感数据空间分辨率较高，"同物异谱"现象尤为严重，因而增加了端元选择的难度，因此如何有效地减少高分辨率遥感数据的"同物异谱"现象，提高端元质量是一个值得研究的问题。纯净像元指数（pixel purity index，PPI）是一种常用的端元获取方法，但如果影像中没有纯净像元，该方法往往受到限制（Hu et al.，2004）。针对高分辨率数据"同物异谱"的实际情况及 PPI 方法的缺陷，本研究对无人机遥感数据进行了 MNF 变换，一方面降低了图像的噪声，另一方面通过 MNF1、3 两个分量的二维散点图搜索得到的近似纯净像元在一定程度保证了各端元在其对应分量中的绝对优势。另外，通过实测或模型模拟获取理想最终光谱端元也是可选的方法，但模型模拟较为复杂，而野外实测则需要解决各分量光谱从叶片尺度到像元尺度的转换问题（Du et al.，2011）。

表 5.3　无约束和全约束混合像元分解的三端元丰度

类型	端元	K_c	K_g	K_t
无约束	C	**0.956**	0.059	0.029
	G	0.036	**0.946**	0.025
	S	0.064	0.083	**0.966**
全约束	C	**0.940**	0.028	0.046
	G	0.081	**0.941**	0.085
	S	0.007	0.012	**0.914**

3）注意选择适当的混合像元分解模型。本研究表明，基于无约束混合像元分

解的毛竹林郁闭度反演结果与观测值之间存在显著的线性关系，但其反演结果整体低于实测值，即低估严重（图 5.8，表 5.2），而基于全约束混合像元分解的反演结果能够较好地反映实际情况。首先，由几何光学模型［式（5-2）～式（5-6）］可知，当各种角度参数和测树因子确定后，光照背景分量 K_g 就成为决定郁闭度大小的决定因素，K_g 值越大，植被越稀疏，郁闭度越小，反之亦然。对无约束和全约束所得各样地 K_g 的统计表明，无约束平均 K_g 值为 0.0352，而全约束则为 0.0339，这与研究结果是一致的。其次，从混合像元分解的算法看，无约束混合像元分解不能保证各端元丰度取值为 0～1，那么，在端元相同的情况下，分解结果的不确定性就会增加，而全约束混合像元分解可以避免分解结果出现大于 1 和小于 0 的情况，能够在很大程度上提高分解精度（徐小军 等，2011），这可能是无约束混合像元分解毛竹林郁闭度反演结果不理想的本质原因。另外，本研究的无人机遥感数据仅有 3 个波段，为满足式（5-8）求解的基本条件，本研究将式（5-1）中的阴影冠层和阴影背景合并为阴影分量，这看似对郁闭度反演无影响式（5-5）只需要 K_g，但当无人机高分辨率遥感数据中四分量同时存在（图 5.12），即实际像元组成大于端元个数时，无论是无约束混合像元分解还是全约束混合像元分解，其分解的误差或不确定性都会随之增加，因此对 K_g 也会造成潜在影响，而相对于全约束混合像元分解，无约束混合像元分解的这种不确定性可能更大一些。因此，在采用混合像元分解进行遥感定量分析时，附加约束条件会得到更好的结果。

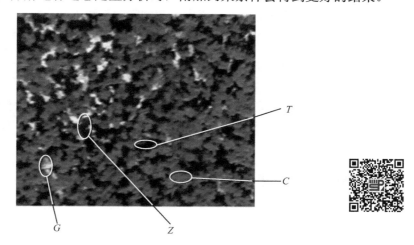

图 5.12 几何光学模型四分量在无人机遥感数据中的示意图

5.6 乡镇尺度及县域尺度郁闭度 Erf-BP 模型反演

首先，对几何光学模型冠层郁闭度反演结果进行分析，以全约束混合像元分解反演得到的毛竹林冠层郁闭度（GM_UAV_CC）作为基础数据；其次，采用局部平均法（Shang et al.，2013），将局部区域冠层郁闭度进行尺度上推，在毛竹林区域随机生成郁闭度样本，并在 SPOT5 遥感信息变量筛选的基础上构建 Erf-BP 神经网络模型反演山川乡毛竹林冠层郁闭度；最后，将 SPOT5 郁闭度反演结果进行尺度上推，在山川乡毛竹林范围内生成随机样本（ErfBP_SPOT5_CC），并在 Landsat TM 遥感信息变量筛选的基础上，再次构建 Erf-BP 神经网络模型反演安吉县域毛竹林冠层郁闭度（ErfBP_TM_CC）。这样就实现了结合几何光学模型和神经网络模型的毛竹林郁闭度多尺度综合反演。

5.6.1 Erf-BP 模型遥感变量设置与筛选

参考先前的研究（Xu et al.，2011），本研究遥感变量包括 SPOT5、Landsat TM 遥感影像的各个波段，各自主成分分析（principal components analysis，PCA）的前三个分量 PCA1、PCA2 和 PCA3，方差纹理 Var（Variance，纹理计算窗口大小为 3×3）以及归一化植被指数 NDVI 等。本研究采用 Bootstrap 方法对预设的模型进行变量筛选（王惠文 等，2006），其方法如下。

1）有放回的在原始样本中抽取 $ns(ns \leqslant N)$ 个样本，求出偏最小二乘的回归系数，重复上述过程 B 次，共得到 B 组回归系数 $\left\{\beta_1^{(b)}, \beta_2^{(b)}, \cdots, \beta_p^{(b)}\right\}$。其中，$N$ 为总样本数；$b = 1, 2, \cdots, B$；p 为自变量个数。

2）将这 B 组系数减去由原始样本得到的回归系数 $\hat{\beta}_j$，记

$$\tilde{\beta}_j^{(b)} = \left|\beta_j^{(b)} - \hat{\beta}_j\right| \qquad (j = 1, 2, \cdots, p) \tag{5-10}$$

将 $\tilde{\beta}_j^{(b)}$ 从小到大排列，设置检验水平 α，取 $B \times (1 - \alpha)$ 处的 $\beta_\alpha(j)$ 值作为拒绝域临界值。

3）若 $\left|\hat{\beta}_j\right| > \beta_\alpha(j)$，则表示 β_j 显著不为 0，即自变量通过显著性检验。

本研究设置 t 检验水平为 0.1，重复次数为 [100, 500]，步长为 100，以保证筛选结果的稳定。

5.6.2 由局部尺度到乡镇尺度的郁闭度反演结果

1. 乡镇尺度 Erf-BP 模型

从几何光学模型郁闭度反演结果（图 5.11）中随机抽取 198 个样本，并同时提取其在 SPOT5 影像中对应位置的遥感变量，利用 Bootstrap 方法进行变量筛选。在变量筛选过程中，以 70% 样本（139 个点）作为建模样本构建模型，以 30% 样本（59 个点）作为验证样本用于模型评价与分析。SPOT5 遥感变量筛选过程如图 5.13 所示。由图 5.13 可知，band1、band2、PCA2、Var3（表示第三波段的方差纹理，以此类推，下同）、NDVI 等 5 个变量的回归系数均大于临界值（建模样本的 RMSE

为 0.0587，预测样本的 RMSE 为 0.0690），因此这 5 个变量将作为 Erf-BP 神经网络模型的自变量参与模型构建及毛竹林郁闭度估算。

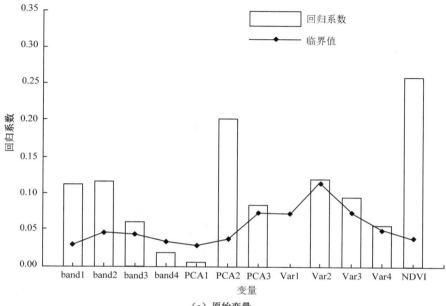

（a）原始变量

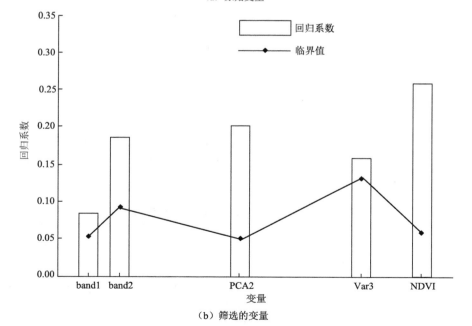

（b）筛选的变量

图 5.13　SPOT5 遥感变量筛选

根据 Erf-BP 神经网络模型设计方法（Xu et al.，2011）以及建模样本及输入输出层的维数，本研究将隐含层神经元个数的变化范围设为[5,15]，并按步长 1 递增；训练目标范围设为[0.7,0.6]，按步长 0.01 递减；输出层神经元个数与输出层（因变量）个数相同，为 1 个；隐含层与输出层激活函数分别为 Erf 和 logis 函数，误差函数采用误差平方和 SSE，学习速率（lr）为 0.2，动量因子（mc）为 0.9，陡度因子（λ）为 0.5。基于上述网络设计方案，当隐含层神经元个数和训练目标分别为 12 和 0.6 时，网络结构最优，此时 198 个随机样地的模拟值与样本值之间的相关关系如图 5.14 所示。由图 5.14 可知，模拟郁闭度结果较好，模拟郁闭度与样本值之间在 0.01 显著水平下具有较好的相关性，其相关系数 R 达到 0.6904，说明构建的 Erf-BP 神经网络模型具有较好的性能。因此，可以用构建的 Erf-BP 模型模拟山川乡毛竹林郁闭度空间分布。

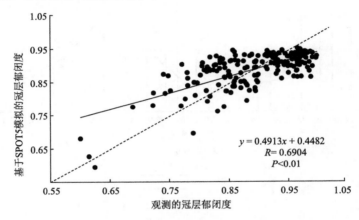

图 5.14　198 个随机样地的模拟值与样本值之间的相关关系

2. 反演结果分析

网络结构最优时，网络隐含层与输入层之间的连接权值和阈值以及输出层与隐含层之间的连接权值和阈值分别见表 5.4 和表 5.5。将表 5.4 和表 5.5 中的参数代入式（5-7），即可得到毛竹林郁闭度估算结果。

表 5.4　隐含层与输入层之间的连接权值和阈值

变量	IW1	IW2	IW3	IW4	IW5	IW6	IW7	IW8	IW9	IW10	IW11	IW12
b1	0.2118	1.5288	-13.8314	0.7844	1.9609	-10.9805	23.6431	-0.0748	-2.6774	-1.4243	-6.4322	-16.3773
band1	-0.0927	-0.4405	6.5425	1.0109	-0.1571	19.6029	-21.1386	-0.6097	0.7622	0.0792	1.7842	12.8311
band2	0.5138	2.1261	-14.8939	0.7875	1.7303	10.3628	-4.6283	-0.3270	-2.0642	-1.5886	-5.8626	12.9548
PCA2	-1.1480	-5.4494	-9.9282	-3.8456	-5.8736	-3.5286	-14.1330	1.3021	6.7614	4.9515	9.2849	29.3713
Var3	0.6224	2.0821	-20.5191	1.4617	2.0557	-4.2383	10.8762	-0.1735	-3.0026	-1.2310	-5.8058	8.3683
NDVI	-0.0576	-0.9062	33.9018	-0.8239	-1.4250	-4.9155	-13.2810	0.2280	1.9041	0.9510	8.1730	-3.6844

表 5.5　输出层与隐含层之间的连接权值和阈值

b2	LW1	LW2	LW3	LW4	LW5	LW6	LW7	LW8	LW9	LW10	LW11	LW12
1.0993	-0.0344	-0.1338	1.1504	-0.1283	-0.1369	0.5796	-0.4322	0.0561	0.1324	0.1258	0.1667	-0.4861

　　由 Erf-BP 模型模拟得到的山川乡毛竹林郁闭度空间分布反演结果如图 5.15（a）所示，其精度验证如图 5.15（b）所示。由图 5.15（b）可知，Erf-BP 神经网络模型反演郁闭度与实测郁闭度之间具有显著的线性相关关系，相关系数 R 达到 0.7414，此外两者的均值基本一致（分别为 0.8983 和 0.8987），偏差仅为-0.0004，RMSE 很小，仅为 0.002。上述这些说明基于 Erf-BP 神经网络模型反演得到的毛竹林郁闭度能够反映山川乡的实际情况。

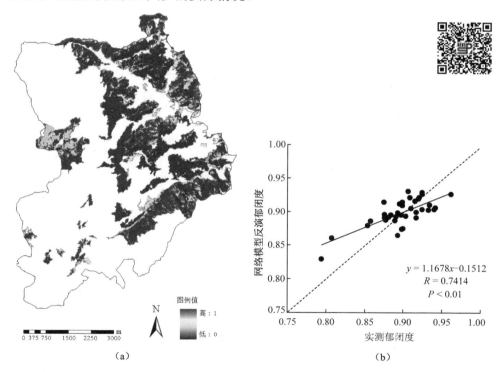

图 5.15　山川乡毛竹林郁闭度空间分布反演结果及其精度验证

5.6.3　由乡镇尺度到县域尺度的郁闭度反演结果

1. 县域尺度 Erf-BP 模型

　　由于山川乡毛竹林郁闭度反演结果符合实际情况（图 5.15），因此从山川乡毛竹林郁闭度分布图中随机抽取 282 个样本，并同时提取其在 Landsat TM 影像中对应位置的遥感变量，构建 Erf-BP 模型，用于全县毛竹林郁闭度反演。

模型构建前，同样利用 Bootstrap 方法对变量进行筛选。Landsat TM 遥感变量筛选过程如图 5.16 所示，band1、band7、PCA1、PCA3 和 NDVI 等 5 个变量的回归系数均大于临界值，因此选择这 5 个变量作为 Erf-BP 神经网络模型构建的自变量。

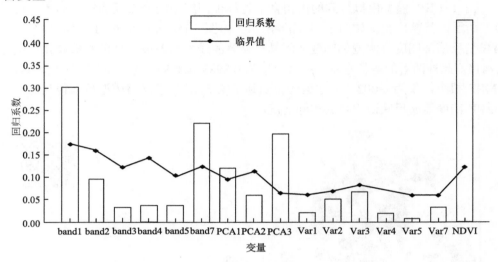

（a）原始变量

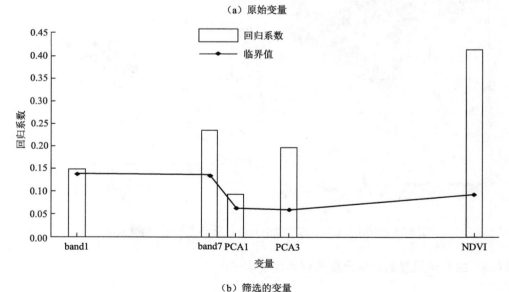

（b）筛选的变量

图 5.16 Landsat TM 遥感变量筛选

　　根据建模样本及输入输出层维数，将隐含层神经元个数的变化范围设为[5,15]，并按步长 1 递增。训练目标范围设为[0.2,0.07]，并按步长 0.01 递减。其他参数设置与基于 SPOT5 数据建立的 Erf-BP 神经网络模型一致。基于上述网络设计方案，当隐含层神经元个数和训练目标分别为 9 和 0.08 时，网络结构最优，此时 282 个随机样地的模拟值与样本值之间的相关关系如图 5.17 所示。由图 5.17 分析可知，模拟郁闭度结果比较理想，其与样本值之间的相关系数 R 达到 0.7720，RMSE 和偏差均较小，分别为 0.0003 和 0.0002，说明所构建的 Erf-BP 神经网络模型性能较好，能够用于反演安吉县毛竹林郁闭度。

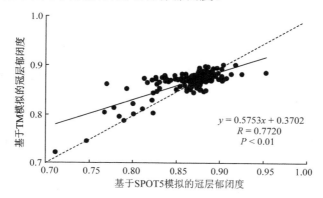

图 5.17　282 个随机样地的模拟值与样本值之间的相关关系

2. 反演结果分析

网络结构最优时，网络隐含层与输入层之间的连接权值和阈值以及输出层与隐含层之间的连接权值和阈值分别见表 5.6 和表 5.7。将表 5.6 和表 5.7 中的参数代入式（5-7），即可反演得到安吉县毛竹林郁闭度空间分布，并可以用实测郁闭度对安吉县毛竹林郁闭度反演结果的精度进行评价。安吉县毛竹林郁闭度空间分析反演结果及其精度验证如图 5.18（a）和（b）所示。

表 5.6　隐含层与输入层之间的连接权值和阈值

变量	IW1	IW2	IW3	IW4	IW5	IW6	IW7	IW8	IW9
b1	−6.4161	−0.3811	−0.0822	−3.2539	−0.0998	0.6449	3.1566	0.9305	9.7156
band1	1.5895	1.0259	0.1001	4.8794	−9.1061	0.6290	6.7810	0.3747	−10.9617
band7	−13.1921	−1.5180	0.7790	−6.4569	−21.2928	−0.5685	5.9519	−0.1368	−9.1962
PCA1	2.0164	−1.3017	−0.0700	−5.6872	0.9446	−0.2106	11.2943	0.5893	−5.8992
PCA3	−6.7806	−0.5966	0.2595	2.5200	−4.3282	0.0534	−7.0067	0.6327	1.1666
NDVI	13.5823	1.3970	−0.1918	5.3789	9.6937	−0.9470	−9.1513	−2.0905	−6.0451

表 5.7　输出层与隐含层之间的连接权值和阈值

b2	LW1	LW2	LW3	LW4	LW5	LW6	LW7	LW8	LW9
1.0503	−0.3876	−0.0068	0.0010	0.5518	0.5765	0.0028	0.3340	0.0016	−0.5742

由图 5.18 分析可知，Erf-BP 神经网络模型反演郁闭度与实测郁闭度之间具有

较强的相关关系，其相关系数 R 达到 0.7378，RMSE 为 0.0156，说明反演得到的安吉县毛竹林郁闭度空间分布结果较好，但是反演郁闭度在高值区域存在低估情况，反演郁闭度平均值（0.8745）比实测值平均（0.8930）低了 2.1%左右。

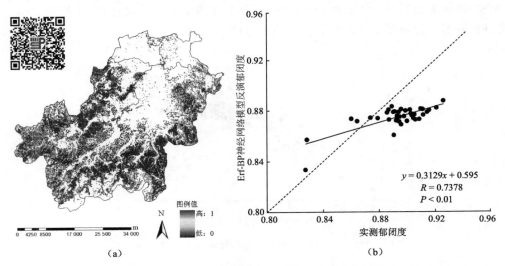

图 5.18　安吉县毛竹林郁闭度空间分布反演结果及其精度验证

5.7　小　　结

以无人机遥感数据、SPOT5 和 Landsat TM 卫星遥感数据为数据源，利用Li-Strahler 几何光学模型和 Erf-BP 神经网络模型，实现毛竹林冠层郁闭度多尺度综合反演。反演郁闭度与实测郁闭度都具有显著的线性相关关系，其中无人机局部航拍区域反演精度最高，相关系数 R 为 0.7933；乡镇尺度次之，R 为 0.7414；县域尺度相对最小，R 为 0.7378。

几何光学模型物理意义明确，能够清楚地解释郁闭度反演机制，其高精度的郁闭度反演结果为从局部尺度到乡镇尺度再到县域尺度的毛竹林冠层参数精确反演奠定了重要基础。由图 5.9 分析可知，几何光学模型反演郁闭度也存在一定的误差（高值区域高估等），而且以几何光学模型反演得到的郁闭度作为 Erf-BP 模型输入继而得到更大尺度上的郁闭度时，模型精度逐渐降低。产生上述问题的可能原因如下。

1）几何光学模型反演毛竹林郁闭度本身的精度问题，相关讨论参见 5.5.3 小节。

2）由于几何光学模型反演郁闭度存在误差，因此导致随机选择的 198 个样本的精度无法得到充分保障。一方面，当其作为样本训练优化 Erf-BP 模型时，其误差不可避免地会进行传递，从而影响反演精度；另一方面，Erf-BP 对样本代表性要求较高，如果预测范围超过样本区间，就不能作出正确预测（Xu et al.，2011；范文义 等，2011）。本章毛竹林冠层郁闭度多尺度反演均采用由小尺度上的样本对大尺度区域进行估算，预测区域郁闭度的取值范围很可能超过样本的范围，从而带来误差。Erf-BP 神经网络模型变量的筛选、最优结构的确定等也对最终反演结果有一定的影响，目前，神经网络隐含层个数、网络训练目标的确定大多采用经验试凑的方法，本研究通过设置隐含层及训练目标范围，采用逐个搜索的方法，选择最优的隐含层和训练目标组合，研究结果表明，该方法有助于确定最优的Erf-BP 神经网络模型结构。

　　3）除以上两类模型本身特征外，不同空间分辨率遥感数据本身所包含信息量的差异也会影响反演结果。例如，30m 的 TM 数据比 10m 的 SPOT5 数据的像元混合程度高，从而使得其像元内光谱特征更加复杂，从而造成以光谱信息为变量的统计模型（包括神经网络模型）在进行大尺度遥感定量反演时模型精度相对较低（Shang et al.，2013）。

参 考 文 献

杜华强，周国模，徐小军，等，2012. 竹林生物量碳储量遥感定量估算[M]. 北京：科学出版社.

范渭亮，杜华强，周国模，等，2010. 模拟真实场景的混合像元分解[J]. 遥感学报，14(6): 1250-1265.

范文义，张海玉，于颖，等，2011. 三种森林生物量估测模型的比较分析[J]. 植物生态学报，35(4): 402-410.

谷成燕，杜华强，周国模，等，2013. 基于 PROSAIL 辐射传输模型的毛竹林叶面积指数遥感反演[J]. 应用生态学报，24(8): 2248-2256.

顾海燕，李海涛，杨景辉，2007. 基于最小噪声分离变换的遥感影像融合方法[J]. 国土资源遥感，2: 53-55.

金伟，葛宏立，杜华强，等，2009. 无人机遥感发展与应用状况[J]. 遥感信息(1): 88-92.

李海涛，顾海燕，张兵，等，2007. 基于 MNF 和 SVM 的高光谱遥感影像分类研究[J]. 遥感信息(5): 12-15，25.

李奇，马洪超，郭建伟，等，2008. 记载小光斑 LIDAR 的森林参数评估[J]. 林业资源管理(1): 74-81，102.

李永宁，张宾兰，秦淑英，等，2008. 郁闭度及测定方法研究与应用[J]. 世界林业研究，21(1): 40-46.

梁顺林，2009. 定量遥感[M]. 范闻捷，等译. 北京：科学出版社.

鲁恒，2012. 利用无人机影像进行土地利用快速巡查的几个关键问题研究[D]. 成都：西南交通大学.

彭培胜，王懿祥，吴建强，等，2013. 基于无人机遥感影像的三维森林景观可视化[J]. 东北林业大学学报，41(6): 61-65.

孙晓艳，杜华强，韩凝，等，2013. 面向对象多尺度分割的 SPOT5 影像毛竹林专题信息提取[J]. 林业科学，49(10): 80-87.

万军，蔡运龙，2003. 应用线性光谱分离技术研究喀斯特地区土地覆被变化：以贵州省关岭县为例[J]. 地理研究(4): 439-446.

王斌，2009. 基于无人机采集图像的土壤湿度预测模型研究[D]. 北京：中国石油大学.

王惠文，吴载斌，孟洁，2006. 偏最小二乘回归的线性与非线性方法[M]. 北京：国防工业出版社.

王天星，陈松林，马娅，2008. 基于改进线性光谱分离模型的植被覆盖度反演[J]. 地球信息科学(1): 114-120.

吴飑，张登荣，张汉奎，等，2012. 结合图像纹理特征的森林郁闭度遥感估测[J]. 林业科学，48(2): 48-53.

肖雄斌，厉小润，赵辽英，2012. 基于最小噪声分离变换的高光谱异常检测方法研究[J]. 计算机应用与软件，29(4): 125-128，158.

徐希孺，2005. 遥感物理[M]. 北京：北京大学出版社.

徐小军，杜华强，周国模，等，2011. Erf-BP 混合像元分解及在森林遥感信息提取中应用[J]. 林业科学，47(2): 30-38.

张园，陶萍，梁世祥，等，2011. 无人机遥感在森林资源调查中的应用[J]. 西南林业大学学报，31(3): 49-53.

赵海龙，2012. 基于面向对象的高分辨无人机影像灾害信息提取关键技术研究[D]. 成都：电子科技大学.

ADAMS J B, SABOL D E, KAPOS V, et al., 1995. Classification of multispectral images based on fractions of endmembers: application to land-cover change in the Brazilian Amazon[J]. Remote Sensing of Environment, 52(2): 137-154.

ATZBERGER C, 2004. Object-based retrieval of biophysical canopy variables using artificial neural nets and radiative transfer models[J]. Remote Sensing of Environment, 93(1-2): 53-67.

CHOPPING M, LIHONG S, RANGO A, et al., 2008. Remote sensing of woody shrub cover in desert grasslands using misr with a geometric-optical canopy reflectance model[J]. Remote Sensing of Environment, 112(1) : 19-34.

CHUBEY M S, FRANKLIN S E, WULDER M A, et al., 2006. Object-based analysis of Ikonos-2 imagery for extraction of forest inventory parameters[J]. Photogrammetric Engineering & Remote Sensing, 72(4): 383-394.

DENNISONA P E, HALLIGAN K Q, ROBERTS D A, 2004. A comparison of error metrics and constraints for multiple endmember spectral mixture analysis and spectral angle mapper[J]. Remote Sensing of Environment, 93(3): 359-367.

DU H Q, FAN W L, ZHOU G M, et al., 2011. Retrieval of canopy closure and LAI of moso bamboo forest using spectral mixture analysis based on real scenario simulation[J]. IEEE Transaction on Geoscience and Remote Sensing, 49(11): 4328-4340.

GONG P, ZHANG A, 1999. Noise effect on linear spectral unmixing[J]. Geographic Information Sciences, 5(1): 52-56.

HU B X, MILLER J R, CHEN J M, et al., 2004. Retrieval of the canopy leaf area index in the BOREAS flux tower sites using linear spectral mixture analysis[J]. Remote Sensing of Environment, 89(2): 176-188.

KÄRDI T, 2007. Remote sensing of urban areas: linear spectral unmixing of Landsat Thematic Mapper images acquired over Tartu (Estonia)[J]. Estonian Journal of Ecology, 56(1): 19-32.

LI X W, STRAHLER A H, 1986. Geometric-optical bidirectional reflectance modeling of a conifer forest canopy[J]. IEEE Transactions on Geoscience and Remote Sensing, 24(6): 906-919.

LI X W, STRAHLER A H, 1985. Geometric-optical modeling of a conifer forest canopy[J]. IEEE Transactions on Geoscience and Remote Sensing, 23(5): 705-721.

LU D S, MORAN E, BATISTELL M, 2003. Linear mixture model applied to Amazonian vegetation classification[J]. Remote Sensing of Environment, 87(4): 456-469.

PU R L, GONG P, MICHISHITA R, et al., 2008. Spectral mixture analysis for mapping abundance of urban surface components from the Terra/ASTER data[J]. Remote Sensing of Environment, 112(3): 939-954.

PU R L, XU B, GONG P, 2003. Oakwood crown closure estimation by unmixing Landsat TM data[J]. International Journal of Remote Sensing, 24(22): 4433-4445.

SHANG Z Z, ZHOU G M, DU H Q, et al., 2013. Moso bamboo_forest extraction and aboveground carbon storage estimation based on multi-source remote sensor images[J]. International Journal of Remote Sensing, 34(15): 5351-5368.

SONG C H, DICKINSON M B, SU L H, et al., 2010. Estimating average tree crown size using spatial information from ikonos and quickbird images: across-sensor and across-site comparisons[J]. Remote Sensing of Environment, 114(5): 1099-1107.

TOWNSHEND J R G, HUANG C, KALLURI S N V, et al., 2000. Beware of per-pixel characterization of land cover[J]. International Journal of Remote Sensing, 21(4): 839-843.

WOLTER P T, TOWNSEND P A, STURTEVANT B R, 2009. Estimation of forest structural parameters using 5 and 10 meter SPOT-5 satellite data[J]. Remote Sensing of Environment, 113(9): 2019-2036.

WU C S, 2004. Normalized spectral mixture analysis for monitoring urban composition using ETM+ imagery[J]. Remote

Sensing of Environment, 93(4): 480-492.

XIAO J F, MOODY A, 2005. A comparison of methods for estimating fractional green vegetation cover within a desert-to-upland transition zone in central New Mexico, USA[J]. Remote Sensing of Environment, 98(2): 237-250.

XU B, GONG P, PU R L, 2003. Crown closure estimation of oak savannah in a dry season with Landsat TM imagery: comparison of various indices through correlation analysis[J]. International Journal of Remote Sensing, 24(9): 1811-1822.

XU X J, DU H Q, ZHOU G M, et al., 2011. Estimation of aboveground carbon stock of moso bamboo (*Phyllostachys heterocycla* var. *pubescens*) forest with a Landsat Thematic Mapper image[J]. International Journal of Remote Sensing, 32(5): 1431-1448.

ZENG Y, SCHAEPMAN M E, WU B F, et al., 2007. Forest structure variables retrieval using EO-1 Hyperion data in combination with linear spectral unmixing and an inverted geometric-optical model[J]. Journal of Remote Sensing (China), 11(5): 648-658.

ZENG Y, SCHAEPMAN M E, WU B F, et al., 2009. Quantitative forest canopy structure assessment using an inverted geometric-optical model and up-scaling[J]. Journal of Remote Sensing, 30(6): 1385-1406.

ZENG Y, SCHAEPMAN M E, WU B F, et al., 2008. Scaling-based forest structural change detection using an inverted geometric-optical model in the three gorges region of China[J]. Remote Sensing of Environment, 112(12): 4261-4271.

ZHU H L, 2005. Linear spectral unmixing assisted by probability guided and minimum residual exhaustive search for subpixel classification[J]. International Journal of Remote Sensing, 26(24): 5585-5601.

第6章 综合面向对象与决策树的毛竹林调查因子遥感估算

6.1 引 言

面向对象方法通过影像分割技术将同质性的像元聚集成影像对象形成封闭区域，该区域与实际地物契合，每个对象具有一定的空间特征，如大小、形状、位置及空间关系等，后续的分类也是基于对象的分类（孙晓艳 等，2013）。通过多尺度分割构建多层次结构，可以将不同层次对象的光谱、均值、标准差、大小、形状、纹理等信息相互关联，从而实现精确分类，为自动获取森林资源信息提供了新思路（关元秀 等，2008）。面向对象方法能够充分利用影像对象的光谱、纹理、对象空间关系以及语义特征等信息，对地物识别和专题信息提取非常有帮助。例如，Chubey 等（2006）采用 IKONOS-2 高分辨率遥感数据和阿尔伯塔省植被调查数据及 DEM，利用决策树分析影像对象的光谱、空间信息与野外调查数据的相关性，并采用回归树模型获取森林调查参数；Mallinis 等（2008）以 Quickbird 高分辨率影像为数据源，综合空间局部指标（local indicators of spatial association，LISA）的影像纹理，在多尺度分割建立类层次结构的基础上进行分类研究，研究结果表明，基于决策树的分类精度优于最邻近法的分类精度；韩凝等（2010）以 IKONOS 影像为数据源，综合光谱信息、植被指数和纹理信息，应用决策树算法获取研究区地物分类的最优特征及规则，提取香榧树分布信息，研究表明基于决策树算法的遥感影像分类方法能够得到较为满意的香榧树分布信息；陈丽萍（2011）也采用面向对象与决策树算法相结合的方法对高分辨率影像进行分类，得到了较好的结果。

胸径、树高、郁闭度等是重要的森林资源调查因子，而且随着森林在应对气候变化中凸显的重要作用，碳储量估算也成为国内学者研究的热点。遥感技术能够快速、大面积同步对森林资源及其动态变化进行监测，提高了森林资源调查效率，为森林资源的经营管理提供了重要的技术手段。目前，Landsat TM、SPOT、IKONOS、QuickBird 等卫星遥感数据（光学遥感数据）、Hyperion 等高光谱高分辨率遥感数据以及 ICESAT GLAS 等激光雷达数据正日益广泛应用于叶面积指数、郁闭度、冠高、树冠形状以及森林碳储量等估算，并取得较好的结果（庞勇 等，2005；Chubey et al.，2006；Zeng et al.，2007；Zeng et al.，2009；杜晓明 等，2008；

徐小军 等，2008；Wolter et al.，2009；Song et al.，2010；Du et al.，2011；Zhao et al.，2013；刘鲁霞 等，2014）。

近年来的研究表明，竹林特别是毛竹林具有高效固碳能力，其碳汇功能受到广泛关注（杜华强 等，2012），我们也采用了遥感数据结合地面调查资料对毛竹林生物量/碳储量和地表参数等进行了定量估算（施拥军 等，2008；徐小军 等，2009；范渭亮 等，2010；徐小军 等，2011；Zhou et al.，2011；Xu et al.，2011；Du et al.，2011；Du et al.，2012；徐小军 等，2013；谷成燕 等，2013），但基于遥感数据的模型主要以像元为单位进行估算，而中国森林资源二类调查却是以小班为调查单元展开的，即以小班作为单个同质性多边形对森林树高、胸径、生物量、蓄积量等进行调查和解译，这就使得不规则的小班与规则的遥感数据像元之间难以匹配。面向对象正是集合同质性像元作为影像对象来表达森林信息的，因此面向对象的森林参数估算在一定程度上更符合森林资源清查的实际情况。

因此，本章将以 SPOT5 高分辨率影像为数据源，采用面向对象的多尺度分割结合决策树算法建立多尺度类层次结构，提取每一尺度层的对象特征，通过决策树选取最优特征构建分类规则，提取毛竹林专题信息，并在此基础上建立毛竹林调查因子与影像特征之间的回归树模型，对毛竹林胸径、树高、郁闭度等调查参数和碳储量进行估算和评价，探讨基于对象的毛竹林调查因子及碳储量估算方法。

6.2　研　究　方　法

6.2.1　研究区概况

研究区仍然选择在山川乡，相关介绍参见第 4 章 4.3.1 小节。

6.2.2　遥感数据与辅助数据

研究区 SPOT5 遥感数据的获取时间为 2012 年 4 月 22 日。SPOT5 遥感数据包括空间分辨率为 2.5m 的全色波段（波长范围 0.48～0.71μm）；空间分辨率为 10m 的 4 个多光谱波段，即 band1 绿光波段（波长范围 0.50～0.59μm）、band2 红光波段（波长范围 0.61～0.68μm）、band3 近红外波段（波长范围 0.78～0.89μm）和 band4 短波红外波段（波长范围 1.5～1.75μm）。由于 SPOT5 数据没有蓝色波段，因此本研究将 band1 作为蓝波段、（band1×3+band3）/4 的运算结果作为绿波段、band2 作为红波段，合成模拟真彩色影像。辅助数据是由浙江省森林资源监测中心和安吉县林业局于 2008 年 6 月绘制的 1∶10 000 山川乡山林现状图。SPOT5 遥感影像及山川乡山林现状图如图 6.1 所示。

SPOT5　　　　　森林现状图

森林现状图矢量图（红色多边形）

图 6.1　SPOT5 遥感影像及山川乡山林现状图

从 1∶10 000 山林现状图上选取 39 个控制点，采用二次多项式模型对上述数据进行几何校正，将总误差控制在 0.5 个像元内。使用 IHS 变换法将 SPOT5 遥感数据全色波段和多光谱波段融合，将多光谱影像的空间分辨率提高至 2.5m；由于 SPOT5 数据没有蓝色波段，因此不能实现真彩色合成，本书采用模拟真彩色的方法，即将 band1 作为蓝波段、（band1×3+band3）/4 的运算结果作为绿波段、band2 作为红波段，合成模拟真彩色影像（李春干，2009）。对山川乡山林现状图进行矢量化，矢量化的每一个多边形（图 6.1 中红色多边形）都代表小班。

6.2.3　外业调查数据

2011 年 8 月中旬和 2012 年 8 月至 9 月期间，我们在山川乡一共调查了 60 块样地，调查内容包括样地中心经纬度以及样地内毛竹胸径、年龄、郁闭度等。其中，样地内各单株毛竹高度可以采用式（6-1）进行估算，然后统计获得样地毛竹平均高度。

$$H = \frac{a}{1 + \exp(b - cD)} \tag{6-1}$$

式中，H 为树高（m）；D 为胸径（cm）；a，b，c 为参数（a=27.8284，b=1.0968，c=0.0905）。该模型对胸径超过 7cm 的毛竹高度进行估算的可决系数 R^2 达到 0.879。

样地冠层郁闭度测量参见第 5 章 5.2.3 小节，碳储量的计算方法参见《竹林生物量碳储量遥感定量估算》（杜华强 等，2012），在此不再赘述。在对样地数据进行分析并去除异常值后，选择 58 块样地用于胸径和树高估算，另外再选择 53 块样地用于郁闭度和碳储量估算。

6.3　面向对象遥感数据多尺度分割

6.3.1　图像分割简介

图像分割（image segmentation）是面向对象影像分析方法的核心技术之一。分割技术早在 20 世纪七八十年代就出现了，2000 年全球第一个用于遥感影像分析的商业化影像分割软件 eCognition 正式发布。简单而言，图像分割就是基于同质性或异质性准则将影像分成若干有意义的子区域的过程。前人对图像分割的定义的解释各有不同，但基于集合论的定义比较通用。

令集合 R^2 为整个影像区域，将 R^2 划分为满足下列 5 个条件的 N 个非空子集 $R_1, R_2, \cdots, R_n$，这个过程就是图像分割（罗震，2009）：

1）$\bigcup\limits_{i=1}^{n} R_i = R$；

2）R_i 是一个连通的区域；

3）$R_i \bigcap R_j = $ 空间，$i \neq j$；

4）$\forall i = 1, 2, \cdots, n, P(R_i) = \text{True}$；

5）$P(R_i \bigcup R_j) = \text{False}, i \neq j$。

其中，$P(R_i)$ 是定义在集合 R_i 上的逻辑谓词。条件 1 说明图像分割是完整的，每一个像素属于分割后的一个子区域，所有子区域取并集是这个区域 R；条件 2 说明同一区域的像素是连通的；条件 3 说明不同区域是不相交的；条件 4 说明同一区域的像素具有相同的性质；条件 5 说明不同区域的像素具有一些不同的性质。

在 1990 年第 29 届 IEEE 控制与决策会议上，Benveniste 等首次提出多尺度系统理论和多尺度估计理论框架，之后 Witkin 将尺度空间理论引入图像处理中，对图像分析研究具有重要意义。尺度关系到对象分割大小，从而影响分类精度。因此，在面向对象多尺度分割中，最佳尺度的选择就成为综合多源遥感信息的关键。国内外众多学者对面向对象最佳尺度选择方法进行了研究，归纳如下。

1）视觉检验法。视觉检验法是通过多次试验的方法对分割结果进行视觉检验，确定研究区域地物的最佳分割尺度参数（Van Coillie et al.，2007；Yu et al.，2006；Stow et al.，2008；陆超，2012；张明媚，2012）。该方法相对简单，但主观性强，缺乏定量标准。

2）统计参数法。统计参数法是在不同分割尺度上分别计算影像对象内部亮度标准差均值（MOSD）和影像对象亮度均值标准差（SDOM），并以 MOSD 最小和 SDOM 最大来确定分割尺度。然而，这种方法只能给出最佳分割尺度范围。例如，Lian 等采用该方法确定 ASTER 多光谱影像最佳分割尺度范围为 10～30，SPOT

多光谱影像为 30～40，SPOT 全色影像为 30～50，QuickBird 多光谱影像为 60。

3）分割对象与参考对象间的拓扑和几何相似方法。该方法通过测定分割对象与参考对象的拓扑相似性、位置精度来对分割质量评价（Moller et al.，2007；Ke, et al.，2010）。例如，利用相对位置（参考对象中心和感兴趣重叠区域中心的距离 D_1 与参考对象中心和最远重叠区域的距离 D_2 的比值，即 $\dfrac{D_1}{D_2}$）或绝对距离（感兴趣分割对象中心位置 (x, y) 与参考对象中心位置 (x_0, y_0) 之差，即 $D = \sqrt{(x-x_0)^2 + (y-y_0)^2}$）评价分割对象与参考对象的几何相似性，从而确定最佳分割尺度。该方法影像分类精度较高，如 Ke 等以 Quickbird 和 Lidar 为数据源，在利用拓扑相似性、绝对距离选择最佳分割尺度的基础上，影像分类 Kappa 达到 0.916。

4）其他方法。例如，通过对象内部同质性和对象间异质性之间的关系、分割对象的形状特征、面积相对误差、周长相对误差等确定最佳尺度（田新光，2007；李春干，2009）。

基于对象的图像分析方法是以多个相邻像素组成的对象为处理单元的（孙显等，2011；曹宝 等，2006），突破了传统方法以像元为单元分类和处理的局限性。面向对象信息提取包括图像分割和分类两个阶段。图像分割是将光谱和纹理均质的像元合并成同质对象，由于对象是由多个像元组成的，可以计算地物的多个特征（光谱、纹理、形状、大小、结构、位置和相关布局等），因此对象具有丰富的目标地物信息。分类是以对象为基础，从对象层次对遥感图像进行分析，使提取结果含有更丰富的语义信息（孙显 等，2011）。

面向对象方法通过多尺度分割技术构建层次等级体系，一个尺度层中对象的特征和类别可以在不同的尺度层间传递，使在某一尺度层的分类结果成为其他尺度层分析的数据基础；同时，不同尺度层中对象的特征和分类结果可以通过 GIS 进行数据分析。面向对象分类法包括最邻近分类法和决策支持的模糊分类法两种，充分利用了对象信息（色调、形状、纹理、层次）和类间信息（与邻近对象、子对象、父对象的相关特征），使分类结果更接近人类语言、思维和观念（关元秀 等，2008）。

6.3.2　分割特征的设置

分割特征设置，即设置参与遥感数据多尺度分割的波段，除了影像的原始光谱波段外，纹理信息是面向对象多尺度分割的重要特征。遥感影像的纹理特征主要表现为影像地物的形状、大小、方位、均质程度以及不同地物之间的空间关系和亮度反差关系等（Haralick et al.，1973）。目前用于纹理分析的方法主要有统计法、频谱法、结构法、模型法等（徐丽娟，2012；陈筱勇，2008），其中统计法应用较多，包括灰度共生矩阵法（grey level co-occurrence matrices，GLCM）、自回归模型、分型方法、小波分析、空间自相关函数法等（马莉 等，2009）。

本章采用常用的灰度共生矩阵法计算图像的纹理信息。灰度共生矩阵是从影像 (x,y) 灰度为 i 的像素出发，间隔距离为 d、灰度为 j 的像素同时出现的概率。其数学表达式为

$$p(i,j,d,\theta)=\{[(x,y),(x+\Delta x,y+\Delta y)]\big|f(x,y)=i,f(x+\Delta x,y+\Delta y)=j;$$
$$x=0,1,\cdots,N_x-1;y=0,1,2,\cdots,N_y-1\} \tag{6-2}$$

式中，i、$j=0,1,\cdots,L-1$；(x,y) 为图像中像元坐标；L 为图像的灰度级数；N_x、N_y 分别为图像的行列数；θ 为两像素连线按顺时针与 x 轴的夹角（冯建辉 等，2007；王红光 等，2013）。灰度共生矩阵中常用纹理测度列表（8 种纹理信息计算公式及意义）见表 6.1。

表 6.1　纹理测度列表

序号	纹理测度	计算公式	说明
1	均值	$\sum\limits_{i,j=0}^{N-1}ip(i,j)$	度量影像纹理的规则程度，规律越强，值越大
2	方差	$\sum\limits_{i,j=0}^{N-1}(i-\text{mean})^2p(i,j)$	度量灰度分散程度的大小，体现纹理的粗糙度。值越大纹理越粗糙，反之纹理越细腻
3	均质性	$\sum\limits_{i,j=0}^{N-1}\dfrac{p(i,j)}{1+(i-j)^2}$	当原图像为均质区时，在特征图像上相应区域显示为亮区，非均质区为暗区
4	反差	$\sum\limits_{i,j=0}^{N-1}\|i-j\|^2\left\{\sum\limits_{i,j=1}^{N}p(i,j)\right\}$	度量影像的清晰度和纹理沟纹的深浅，沟纹越深，则对比度越大，视觉效果越清晰；反之，对比度小，则沟纹浅，效果模糊
5	相异性	$\sum\limits_{i,j=0}^{N-1}\|i-j\|\left\{\sum\limits_{i,j=1}^{N}p(i,j)\right\}$	反映影像的非均质性
6	熵	$-\sum\limits_{i,j=0}^{N-1}p(i,j)\log(p(i,j))$	度量影像具有的信息量，反映纹理的非均质度或复杂程度。若图像中分布较多的细纹理，则该值较大；反之，若图像中分布较少的细纹理，则该值较小
7	第二角力矩	$\sum\limits_{i,j=0}^{N-1}p(i,j)^2$	度量影像灰度分布的均匀程度和纹理粗糙度。若为粗纹理，则该值较大；若为细纹理，则该值较小
8	相关性	$\dfrac{\sum\limits_{i,j=0}^{N-1}(i,j)p(i,j)-u_xu_y}{\sigma_x\sigma_y}$	度量灰度共生矩阵中行元素或列元素之间的相似程度。当矩阵元素值均匀相等时，相关性大；反之，若矩阵元素值相差很大，则相关性小

注：$p(i,j)$ 是灰度共生矩阵标准化后的第 i 行第 j 列数值，且 $p(i,j)=V(i,j)\sum\limits_{i,j=0}^{N-1}V_{i,j}$，$V(i,j)$ 表示第 i 行第 j 列位置上的像元亮度值，N 表示计算纹理测度时移动窗口的大小。$u_x=\sum\limits_{j=0}^{N-1}j\sum\limits_{i=0}^{N-1}p(i,j);u_y=\sum\limits_{i=0}^{N-1}i\sum\limits_{j=0}^{N-1}p(i,j);$ $\sigma_x=\sum\limits_{j=0}^{N-1}(j-u_j)^2\sum\limits_{i=0}^{N-1}p(i,j);\sigma_y=\sum\limits_{i=0}^{N-1}(i-u_i)^2\sum\limits_{j=0}^{N-1}p(i,j)$。

纹理具有尺度效应，其窗口的大小对于纹理特征的提取起着重要作用。地统计学中的半方差分析方法能够描述特定区域内像素间的空间相关性，为纹理窗口的选择提供依据（Mallinis et al.，2008）。半方差函数（semi-variogram）能够提供

研究区域变量的空间变异程度，反映不同距离的观测值之间的变化。如果某一随机变量 $Z(x)$ 在点 x 和 $x+h$ 处的值 $Z(x)$ 与 $Z(x+h)$ 差的方差的一半定义为区域化变量 $Z(x)$ 在 x 轴上的变异函数（王政权，1999），记为 $r(h)$，如式（6-3）：

$$r(h) = \frac{1}{2}\mathrm{var}\left[Z(x) - Z(x+h)\right]^2 = \frac{1}{2}E\left[Z(x) - Z(x+h)\right]^2 - \frac{1}{2}\left\{E[Z(x)] - E[Z(x+h)]\right\}^2$$

（6-3）

在二阶平稳假设条件下，对任意的 x 和 h，$E[Z(x)] = E[Z(x+h)]$，式（6-3）可改写为

$$r(h) = \frac{1}{2}E\left[Z(x) - Z(x+h)\right]^2$$

（6-4）

式中，变异函数 $r(h)$ 为距离 h 的函数，也称为半方差函数，半方差图是以滞后距离 h 为 x 轴，半方差 $r(h)$ 为 y 轴绘制的。

半方差函数理论模型如图 6.2 所示，C_0 表示块金值（nugget），是间距为 0 时的半方差；随着步长的增大，到某一点时，半方差值不再变化，这时对应的最大半方差值称为基台值（sill），基台值对应的步长称为变程，也称自相关距离，当其超过变程值时，区域化变量就不存在空间相关性（史舟 等，2006），小于该值时存在相关性。

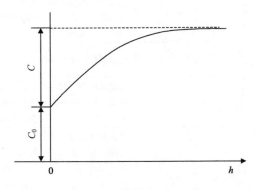

图 6.2 半方差函数理论模型

半方差模型能够描述遥感影像中像素间的相关性和变异程度，其基台值表示像元在影像中的空间变异程度，变程值表示像元间具有空间相关性的最大距离，超过变程的像元间不存在空间相关性，计算植被纹理信息的窗口大小应当为该植被类型像元间具有空间相关性的最大距离，因此变程值决定了计算纹理的最佳窗口尺寸（Curran，1988；Franklin et al.，1996；Han et al.，2012）。

为了选择合适的窗口尺寸计算纹理，本研究分别从毛竹林、阔叶林、针叶林 3 种森林植被类型中选取典型样本进行半方差分析。毛竹林、阔叶林、针叶林 3 种森林植被类型在不同波段上的半方差函数图如图 6.3 所示，毛竹林在红、绿、

蓝波段都有比较大的基台值，阔叶林次之，针叶林最小，这说明毛竹林区域的空间变异程度最大。变程值的大小与树冠间距有关（韩凝，2011），毛竹林在绿、蓝两个波段的变程值低于阔叶林而高于针叶林，这与实际情况较为符合。

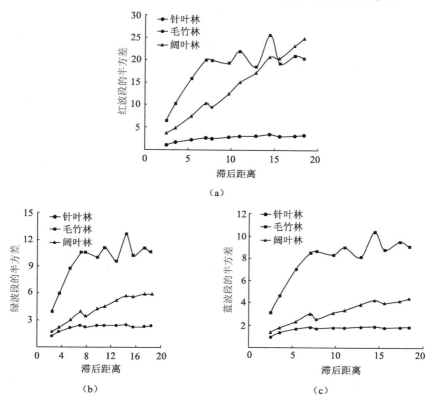

图 6.3　3 种森林植被类型在不同波段上的半方差函数图

毛竹林在 R、G、B 3 个波段上的半方差模型均为球状模型，其变程分别是9.76、8.89、9.54；阔叶林在 R、G、B 3 个波段上的半方差模型也均为球状模型，其变程分别是 31.99、19.72、19.39；针叶林在 R、G、B 3 个波段上的半方差模型分别为指数模型、球状模型、球状模型，其变程分别是 15.96、7.2、7.35。因此，毛竹林在 R、G、B 的纹理窗口分别为 9×9、7×7、9×9；阔叶林在 R、G、B 的纹理窗口分别为 31×31、19×19、19×19；针叶林在 R、G、B 的纹理窗口分别为 15×15、7×7、7×7。由半方差分析得到每种植被在各个波段上的变程、相对应的计算纹理的最佳窗口及半方差模型见表 6.2。为了更好地提取毛竹林信息，本研究以毛竹林的纹理窗口为主，因此红、绿、蓝波段的纹理窗口大小分别为 9×9、7×7、9×9。

表 6.2　植被在各个波段上的变程、相对应的计算纹理的最佳窗口及半方差模型

植被类型	半方差模型中的变程	计算纹理的最佳窗口大小	半方差模型
毛竹林	R=9.76，G=8.89，B=9.54	9×9（R），7×7（G），9×9（B）	球状模型（R、G、B）
阔叶林	R=31.99，G=19.72，B=19.39	31×31（R），19×19（G），19×19（B）	球状模型（R、G、B）
针叶林	R=15.96，G=7.2，B=7.35	15×15（R），7×7（G），7×7（B）	指数模型（R）、球状模型（G、B）

　　基于上述计算分析，本章分别以 9×9、7×7、9×9 作为模拟真彩色红、绿、蓝波段的纹理窗口，计算包括均值（mean）、方差（variance）、均质性（homogeneity）、反差（contrast）、相异性（dissimilarity）、熵（entropy）、第二角力矩（second moment）和相关性（correlation）在内的 8 个纹理，并在此基础上对 3 个波段共 24 个纹理影像进行标准差分析，选取各波段的均值、方差、反差这 3 个纹理影像参与多尺度分割。

6.3.3　多尺度分割与参数设置

　　分割是面向对象影像分析的第一步。分割算法用来分割像素域表示的整景影像或指定的其他域的更小的影像对象，没有经过分类的基本影像对象包含光谱特征、形状、位置、纹理信息以及邻域信息。eCognition 提供了自上而下和自下而上两种分割策略。自上而下的分割策略是将一些大的对象裁剪成小块，其分割方法包括棋盘算法、四叉树算法、多阈值分割。自下而上的分割策略是以影像的像元开始，将小对象合并成一个较大的对象，其分割方法包括多尺度分割、光谱差异分割等。棋盘分割是将影像对象域分为方形影像对象，方形格网平行于影像的左边界和上边界，大小固定。四叉树分割是将像素域分割为由方形对象组成的四叉树格网，四叉树结构要满足正方形最大可能大小，并符合模式和尺度参数定义的均值标准等条件。多阈值分割算法是对影像作用域进行分割并基于像素值的阈值对影像对象分类。光谱差异分割是合并邻近的影像对象，该算法不能用于基于像素层创建新的对象层，而是对已有分割产生的光谱相似的影像对象进行合并。

　　本章采用的分割算法是多尺度分割算法，其基本思想是：从单个像素对象开始的自下而上的区域合并，即小的影像对象合并成大的对象，包含优化过程将影像对象的异质性权重最小化。合并的规则是：相邻影像对象若符合规定的异质性最小生长，则被合并；若最小生长超过了由尺度参数定义的阈值，则该合并过程就停止（Baatz et al.，2000；谷宁，2007）。最佳的分割尺度使影像对象的平均异质性最小，如果仅考虑光谱异质性最小就会造成分割后的区域边界破碎，因此需要配合使用空间异质性标准（张振勇 等，2007）。分割过程中像素合并是以光谱异质性 h_{color} 和形状异质性 h_{shape} 为基础来计算的，只有保证光谱异质性、光滑度异质性、紧密度异质性最小，才能得到影像对象平均异质性最小（张振勇 等，2007）。

影像对象的总异质性、光谱异质性、形状异质性的表达式如下。

（1）影像对象的总异质性

$$f = w \cdot h_{\text{color}} + (1-w) \cdot h_{\text{shape}} \tag{6-5}$$

式中，h_{color} 为光谱异质性；h_{shape} 为形状异质性；w 为用户规定的光谱信息权重（变化范围是 0～1）。w_{color}（光谱信息权重）$+ w_{\text{shape}}$（形状信息权重）$=1$。

（2）光谱异质性

h_{color} 与组成对象的像元数目、各波段标准差相关，其表达式为

$$h_{\text{color}} = \sum_c n_{\text{merge}} \cdot \sigma_c^{\text{merge}} - (n_{\text{obj1}} \cdot \sigma_c^{\text{obj1}} + n_{\text{obj2}} \cdot \sigma_c^{\text{obj2}}) \tag{6-6}$$

式中，σ_c 为每一图层的标准差，由组成对象的像元值计算得到；n 为对象的总体像元数。

（3）形状异质性

h_{shape} 由光滑度异质性 h_{smooth} 和紧致度异质性 h_{cmpct} 这两个子标准构成，其表达式为

$$h_{\text{shape}} = w_{\text{cmpct}} h_{\text{cmpct}} + w_{\text{smooth}} h_{\text{smooth}} \tag{6-7}$$

$$h_{\text{cmpact}} = n_{\text{merge}} \cdot \frac{l_{\text{merge}}}{\sqrt{n_{\text{merge}}}} - \left(n_{\text{obj1}} \cdot \frac{l_{\text{obj1}}}{\sqrt{n_{\text{obj1}}}} + n_{\text{obj2}} \cdot \frac{l_{\text{obj2}}}{\sqrt{n_{\text{obj2}}}} \right) \tag{6-8}$$

$$h_{\text{smooth}} = n_{\text{merge}} \cdot \frac{l_{\text{merge}}}{b_{\text{merge}}} - \left(n_{\text{obj1}} \cdot \frac{l_{\text{obj1}}}{b_{\text{obj1}}} + n_{\text{obj2}} \cdot \frac{l_{\text{obj2}}}{b_{\text{obj2}}} \right) \tag{6-9}$$

式中，w_{cmpct}（用户定义的紧致度权重）$+ w_{\text{smooth}}$（用户定义的光滑度权重）$=1$；l 为对象实际边界长；n 为对象的总体像元数；b 为该对象外接矩形的最短边。若紧致度的权重较高，则分割后对象的形状较为紧密接近矩形；若平滑指标的权重较高，则分割后对象的边界较为平滑。在分割过程中，按照颜色和形状的几个可调整的均质性或异质性标准生成影像对象。调整尺度参数能够影响对象的平均大小，尺度大的得到大的对象，尺度小的得到小的对象。

分割的参数一般包括尺度、图层选择、波段权重、光谱因子、形状因子等。尺度参数决定所能允许的最大异质性，图层权重决定图层对分割所起的作用，光谱权重用于平衡光谱异质性与形状异质性；形状因子包括紧致度和光滑度。

6.3.4　类层次结构构建

通过使用不同的尺度参数分割能够获取不同尺度的对象层，从而建立多尺度的对象等级体系，而在整个等级体系结构中，每一个尺度层中的对象都与它的邻域、上下层对象相联系，这就形成了多尺度分割的类层次结构。为获取小班的影像对象特征（图 6.1），需要确保提取信息与小班边界完全契合，为此，本书选用森林现状图矢量图层参与分析，相关分割参数设置为：①输入层权重为光谱影像=

纹理影像=森林现状图矢量化文件=1。②通过分割产生 5 个尺度层，从第一层到第五层的尺度参数分别是 50、40、30、20、10。③形状=0.1，颜色=1-形状=0.9；紧致度=0.8，平滑度=1-紧致度=0.2。

6.3.5 影像对象的特征提取

选取光谱影像对象和纹理影像对象的均值、亮度值、最大差分、标准差、色度、明度、饱和度等特征作为特征源建立分类规则，构建分类决策树，提取毛竹林信息，并利用上述影像对象特征建立平均胸径、平均树高、郁闭度、碳储量的回归树，其影像对象的特征名称及其意义见表 6.3。

表 6.3 影像对象的特征名称及其意义

特征名称	特征意义	特征名称	特征意义
Mean_R	均值：SPOT5 模拟真彩色红波段	Std_R	标准差：SPOT5 模拟真彩色红波段
Mean_G	均值：SPOT5 模拟真彩色绿波段	Std_G	标准差：SPOT5 模拟真彩色绿波段
Mean_B	均值：SPOT5 模拟真彩色蓝波段	Std_B	标准差：SPOT5 模拟真彩色蓝波段
Mean_GLCM_R_mean	均值：红波段均值纹理影像	Std_GLCM_R_mean	标准差：红波段均值纹理影像
Mean_GLCM_R_variance	均值：红波段方差纹理影像	Std_GLCM_R_variance	标准差：红波段方差纹理影像
Mean_GLCM_R_contrast	均值：红波段反差纹理影像	Std_GLCM_R_contrast	标准差：红波段反差纹理影像
Mean_GLCM_G_mean	均值：绿波段均值纹理影像	Std_GLCM_G_mean	标准差：绿波段均值纹理影像
Mean_GLCM_G_variance	均值：绿波段方差纹理影像	Std_GLCM_G_variance	标准差：绿波段方差纹理影像
Mean_GLCM_G_contrast	均值：绿波段反差纹理影像	Std_GLCM_G_contrast	标准差：绿波段反差纹理影像
Mean_GLCM_B_mean	均值：蓝波段均值纹理影像	Std_GLCM_B_mean	标准差：蓝波段均值纹理影像
Mean_GLCM_B_variance	均值：蓝波段方差纹理影像	Std_GLCM_B_variance	标准差：蓝波段方差纹理影像
Mean_GLCM_B_contrast	均值：蓝波段反差纹理影像	Std_GLCM_B_contrast	标准差：蓝波段反差纹理影像
Brightness	亮度值	Max.diff	最大差分
Hue	色度	Saturation	饱和度
Intensity	明度		

6.4　基于决策树的分类与参数估算方法

6.4.1　决策树

决策树（classification and regression tree，CART）分为分类决策树（分类树）和回归决策树（回归树），是通过对特征属性和目标变量构成的训练数据集的循环分析而形成的二叉决策树结构（乔艳雯 等，2013；白秀莲，2012；董连英 等，2013）。决策树是由一个根节点、一系列内部节点（分支）及终极节点（叶节点）组成的，每一个节点只有一个父节点和一个或多个子节点。CART 使用训练样本集结构如下（董连英 等，2013）。

$$L := \{X_1, X_2, \cdots, X_m, Y\}$$
$$X_1 := (x_{11}, x_{12}, \cdots, x_{1l_1}), \cdots, X_m := (x_{m1}, x_{m2}, \cdots, x_{ml_n})$$
$$Y := (y_1, y_2, \cdots, y_k)$$

式中，$X_1 \sim X_m$ 为属性向量；Y 为目标向量，当 Y 的属性是离散值时，成为分类树，当 Y 的属性是连续值时，成为回归树。分类树完成输出变量为分类型数据集的分类，其结果是由叶节点所含样本中出现目标变量的类别确定，而回归树能够实现输出变量为数值型的数据集预测，其结果取决于叶节点所含样本中目标变量的平均值。

用户在使用 CART 进行预测前，首先以 Gini 系数的减少量为测度指标，选取 Gini 系数减少量最大的属性为最佳特征变量对训练样本集建立决策树分类模型。Gini 系数的定义见式（6-10）。当样本数据集被分为两组时，Gini 系数的计算公式见式（6-11）。当样本数据集被分为两组后，Gini 系数的减少量的计算公式见式（6-12）。建立决策树模型的关键是阈值确定，其具体步骤如下：将样本中特征变量的取值按升序排列，计算该两组样本子集中样本所属类别变量取值的差异总和-Gini 系数，以此类推，计算每个相邻两个值的中间值作为分组阈值对样本数据集进行分组，分组的次数为特征变量在样本中的取值个数减去 1 次，记录对应的 Gini 系数（白秀莲，2012）。

计算时，选取 Gini 系数减少量最大的相邻两个取值的中间值作为该特征变量的最佳分割阈值，并用同样的方法确定其余特征变量最佳阈值，最后将每个特征变量的最佳阈值对应的 Gini 系数减少量顺序排列，从中选取使 Gini 系数减少量最大的分组阈值作为当前的最佳分组阈值，对样本数据集进行分组。与该最佳分组阈值对应的特征变量为当前最佳分组变量。利用生成的决策树模型对待分类数据进行分类。

$$\text{Gini}(S) = 1 - \sum_{i=1}^{k} P^2(C_i) \qquad （6\text{-}10）$$

$$\text{Gini}(S) = (s_1 / s) * \text{Gini}(S_1) + (s_2 / s) * \text{Gini}(S_2) \tag{6-11}$$

$$\Delta\text{Gini}(S) = \text{Gini}(S) - [(s_1 / s) * \text{Gini}(S_1) + (s_2 / s) * \text{Gini}(S_2)] \tag{6-12}$$

其中，式（6-10）为 Gini 系数的数学定义；S 为未被分组前的训练样本集；k 为类别变量的个数；$P(C_i)$ 为样本数据集中属于第 i 类别 C_i 的概率。式（6-11）适用于特征属性，将样本集 S 分为两组 s_1、s_2，s、S_1、S_2 分别为样本集 S 与左右两个子样本集 S_1、S_2 的样本个数。

若决策树庞大，对训练样本集构建决策树具有较高分类预测精度，但在待分样本集中精度不一定高，这说明训练样本集有"过度拟合"现象，需要对 CART 决策树进行修剪。常用的后剪枝方法有最小错误剪枝（minimum error pruning，MEP）、悲观错误剪枝（pessimistic error pruning，PEP）、代价复杂度剪枝法（cost complexity pruning，CCP）（Quinlan，1987；Niblett et al.，1986；Breiman et al.，1984；魏红宁，2005）。本章采用代价复杂度剪枝法，即根据代价复杂度测量值判断修剪哪些子树，当内部节点的代价复杂度测量值等于或小于该内部节点的子树的代价复杂度测量值时，判定裁掉该子树，得到一个被修剪的子树，重复此步骤，直到决策树仅剩下根节点为止，从而产生一系列被修剪后的子树。最后以可靠性为标准找到最佳大小的决策树（乔艳雯 等，2013；白秀莲，2012；董连英 等，2013）。

6.4.2   分类与参数估算过程

首先使用分类树将影像进行分类并提取毛竹林分布区域，然后使用回归树对毛竹林参数进行区间估计，具体过程是：①将影像分割产生的 5 个尺度层中的前四个尺度层中的对象特征导出作为特征源，在对应的 4 个尺度层中分别使用 CART 分类树创建分类规则，并在第五层中采用面向对象的类间关系对前四层的地物类型进行汇总，从而实现影像分类，类别包括毛竹林、针叶林、阔叶林、水体和居民区-裸地（记作"非林地"）等 5 类，研究区 5 个尺度的类层次结构如图 6.4 所示。②在分类的基础上，提取毛竹林的分布区域，基于对象特征源和地面样地，建立毛竹林胸径、树高、郁闭度、碳储量回归树。③对胸径、树高、郁闭度、碳储量进行区间估计和精度评价，并绘制出相应的空间分布图。

6.5   结果与分析

6.5.1   基于分类树的分类结果

在多尺度层的对象等级结构中（图 6.4），第一尺度层为最高层，第三尺度层对象的父对象是第二尺度层中被分为"阴影"的对象。由于部分非林地混杂于植被区域，因此为了便于地物的细分，采用第一尺度层实现植被区域和非植被区域的识别。由于受地形因素的影响，导致太阳入射角不能使阳坡与阴坡在同一水平面上产生阴影，因此在第二尺度层上将以"植被"为父对象的区域分为毛竹林、阔叶林、针叶林、阴影，将以"非植被"为父对象的区域分为非林地、水体。第三尺度层上将以"阴影"为父对象的区域分为阔叶林、针叶林。另外，通过目视并结合外业调查发现，第二尺度层中的毛竹林中混合有非林地，而非林地中混合有阔叶林和少量的毛竹林，因此，为了区分这些地物，在第四尺度层分为非林地、阔叶林、毛竹林。第五尺度层是利用类相关特征对上述各尺度层进行汇总，如将"第二尺度层上针叶林"和"第三尺度层上针叶林"合并成"针叶林"这种类型，它通过定义不同层次对象的语义特征来实现，其他以此类推，最终生成包括毛竹林、针叶林、阔叶林、非林地、水体等五类的分类图。

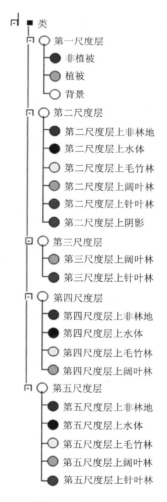

图 6.4　研究区 5 个尺度的类层次结构

在第二尺度层上，对父对象为"植被"的对象分类。第二尺度层父对象为"植被"的分类树如图 6.5 所示。选取了 85 个训练样本、29 个对象属性，通过光谱信息和纹理信息，将第一尺度层"植被"的对象细分为毛竹林（moso bamboo forest）、阔叶林（broad-leaved forest）、针叶林（coniferous forest）、阴影（shade）等 4 种类型。各尺度层的分类规则（CART 算法的分类规则）见表 6.4。

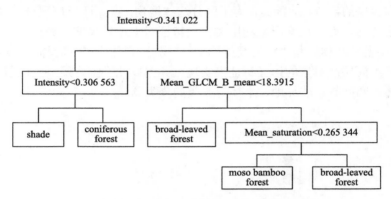

图 6.5　第二尺度层父对象为"植被"的分类树

表 6.4　CART 算法的分类规则

层次	分类对象	规则
第一尺度层	植被、非植被、背景	植被：Saturation≥0.024 850 3，Mean_GLCM_G_mean <25.3571； 非植被：Saturation≥0.024 850 3，Mean_GLCM_G_mean≥25.3571； 背景：Saturation<0.024 850 3
第二尺度层	毛竹、阔叶、针叶、阴影、非林地、水体	毛竹：Intensity≥0.341 022，Mean_GLCM_B_mean≥18.3915，Mean_saturation<0.265 344； 阔叶：Intensity≥0.341 022，Mean_GLCM_B_mean≥18.3915，Mean_saturation≥0.265 344 或 Intensity≥0.341 022，Mean_GLCM_B_mean <18.3915； 针叶：Intensity<0.341 022，Intensity≥0.306 563； 非林地：Mean_GLCM_R_mean≥23.7553； 水体：Mean_GLCM_R_mean <23.7553； 阴影：Intensity <0.341 022，Intensity <0.306 563
第三尺度层	阔叶、针叶	阔叶：Max.diff.<2.308 96，Mean_G <75.9863，或 Mean_G≥75.9863； 针叶：Max.diff.≥2.308 96，Mean_G <75.9863
第四尺度层	毛竹、阔叶、非林地、水体	毛竹：Max.diff. ≥3.349 96，Mean_B≥80.0357 或 Hue≥0.069 605 3，Max.diff. 3.34996，Mean_B <80.0357； 阔叶：Hue <0.069 605 3，Max.diff. ≥3.34996，Mean_B <80.0357； 非林地：Max.diff. <3.349 96； 非林地（父对象：水体）：Saturation <0.210 751； 水体（父对象：水体）：Saturation≥0.210 751
第五尺度层（汇总）	毛竹、阔叶、针叶、非林地、水体	通过定义对象间语义特征，对较高层次上对象进行汇总

基于 SOPT5 和纹理影像, 利用面向对象多尺度分割结合决策树算法获取的前 4 个尺度层的分割与分类图如图 6.6 所示。基于分类树研究区土地利用分类结果如图 6.7 (a) 所示。以分类结果通过实地调查获取的样地和森林现状图作为参考, 并随机选取 186 个分割对象作为样本, 建立混淆矩阵对分类进行精度评价。

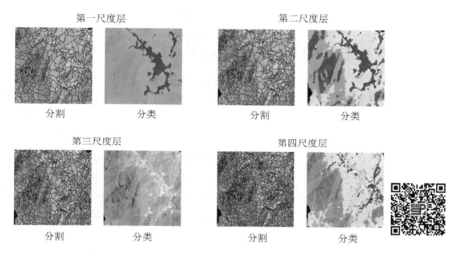

图 6.6　第一至第四尺度层的分割与分类图

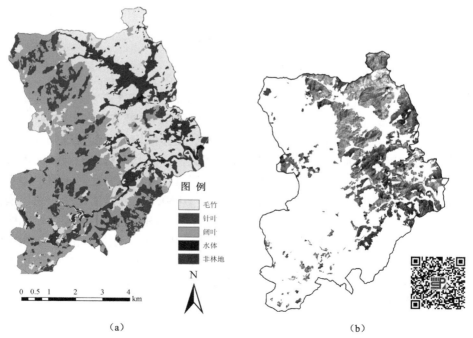

图 6.7　基于分类树研究区土地利用分类结果及毛竹林区域的 SPOT5 遥感影像

基于分类树的面向对象分类结果精度评价见表 6.5。由表 6.5 可知，分类总精度达到 84.95%，Kappa 系数约为 0.8，分类结果比较理想。其中，研究对象毛竹林的分类精度也较高，生产者精度为 77.78%，用户精度达到 89.1%。但是，结合山林图和外业调查也发现有部分毛竹林被错分为阔叶林和非林地，这可能是由于边界混淆导致的。另外，阔叶林被错分为毛竹林的比例较高，其可能的原因有两个方面：①两者光谱的相似性。②同一地物在阴坡与阳坡上存在反射（Gu et al，1998），从而影响分类树节点阈值，并造成分类误差。在分类的基础上，通过掩膜得到毛竹林区域的 SPOT5 遥感影像如图 6.7（b）所示。

表 6.5   分类精度评价

分类数据	参考数据						生产者精度/%	用户精度/%
	毛竹	针叶	阔叶	水体	非林地	总样本数		
毛竹	49	0	3	0	3	55	77.78	89.1
针叶	1	14	5	0	0	20	87.5	70
阔叶	13	2	52	0	0	67	86.67	77.61
水体	0	0	0	4	1	5	100	80
非林地	0	0	0	0	39	39	90.7	100
总样本数	63	16	60	4	43	186		
总精度	总精度=84.95%，Kappa 系数=0.7925							

6.5.2   基于回归树的毛竹林参数及碳储量估算结果

1. 平均胸径估算结果

随机抽取 40 块样地并提取样地所对应的遥感特征信息（表 6.3），构建得到具有 4 个终极节点的平均胸径回归树如图 6.8（a）所示，终极节点表示胸径平均值。由回归树模型可知，绿波段均值、绿波段反差纹理影像均值、蓝波段标准差是估算胸径的主要遥感特征，它们均与胸径存在相关性。因此，将终极节点的值按照从小到大依次相邻两个取值的中间值作为分组阈值，可将胸径分为 4 组，即小于 9.49cm、9.49~9.94cm、9.94~10.50cm 和大于 10.50cm，并最终由回归树模型得到胸径区间空间分布估算结果如图 6.8（b）所示。由图 6.8（b）可知，研究区毛竹林胸径小于 10cm 的毛竹分布较多，而胸径大于 10cm 的毛竹分布较少。用实测样地对回归模型及其估算结果进行精度评价。胸径模型精度评价见表 6.6，所构建胸径模型总精度为 50%，Kappa 系数为 0.3222。Kappa 系数在 0.2~0.4，说明胸径估算结果一般（Landis et al.，1977）。

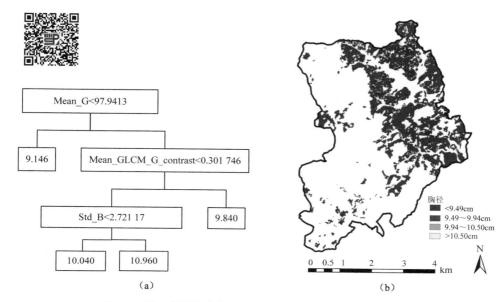

图 6.8　基于样地的胸径回归树模型及其空间分布估算结果

表 6.6　胸径模型精度评价

分类数据	样地数据				
	小于 9.49cm	9.49～9.94cm	9.94～10.50cm	大于 10.50cm	总数
小于 9.49cm	4	1	1	2	8
9.49～9.94cm	2	2	1	1	6
9.94～10.50cm	0	0	1	0	1
大于 10.50cm	0	0	1	2	3
总数	6	3	4	5	18
生产者精度	66.67%	66.67%	25%	40%	
用户精度	50%	33.33%	100%	66.67%	
总精度	总精度=50%，Kappa 系数=0.3222				

2. 平均树高估算结果

回归树模型的构建过程与本章 6.4.1 小节类似。通过修剪最终构建含有 3 个终节点的可用于毛竹林平均树高估算的回归树模型，其中，绿波段均值、蓝波段标准差是估算毛竹平均树高的遥感变量，基于样地的树高回归树模型如图 6.9（a）所示。树高模型精度评价见表 6.7，该模型总精度达到 50%，Kappa 系数=0.2308。由回归树模型节点信息将树高分成三组，即小于 12.18m、12.18～12.76m、大于 12.76m，并由此得到研究区毛竹林空间分布估算结果如图 6.9（b）所示。从树高的空间分布可知，该地区毛竹林树高小于 12.76m 的毛竹分布较多，树高大于 12.76m 的毛竹分布较少，结合树高模型精度，说明研究区毛竹林平均树高估算结果一般。

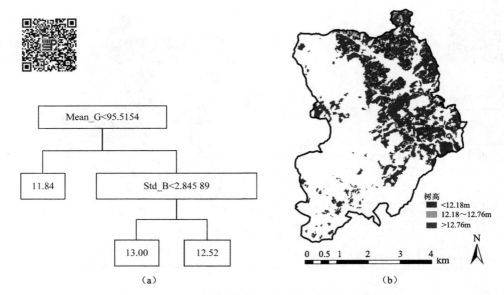

图 6.9 基于样地的树高回归树模型及其空间分布估算结果

表 6.7 树高模型精度评价

分类数据	样地数据			
	小于 12.18m	12.18~12.76m	大于 12.76m	总数
小于 12.18m	2	0	3	5
12.18~12.76m	0	6	1	7
大于 12.76m	1	5	2	8
总数	3	11	6	20
生产者精度	66.67%	54.55%	33.33%	
用户精度	40%	85.71%	25%	
总精度	总精度=50%，Kappa 系数=0.2308			

3. 郁闭度的估算结果

剔除异常值，选用 53 块样地构建郁闭度模型，通过修剪最终构建含有 3 个终节点的回归树模型用于毛竹林冠层郁闭度估算，其中蓝波段均值纹理影像标准差、最大差分与毛竹林的郁闭度存在强相关性。基于样地的郁闭度回归树模型如图 6.10（a）所示。郁闭度模型精度评价见表 6.8。毛竹林郁闭度回归树模型的总精度达到 67.92%，Kappa 系数=0.4483，无论是总精度还是 Kappa 系数都比胸径模型和树高模型的总精度和 Kappa 系数有大幅度提高，根据 Kappa 系数统计意义（Landis et al.，1977），其为 0.4~0.6，说明毛竹林郁闭度估算达到较好水平。由回归树模型节点信息将郁闭度范围分为小于 0.882 85，0.882 85~0.904 65 和大于 0.904 65 三个组别，并由模型反演得到毛竹林郁闭度空间分布估算结果如图 6.10（b）

所示，该地区毛竹林郁闭度大多大于 0.88，这与第 5 章及先前毛竹林郁闭度估算结果基本一致（Du et al.，2011）。

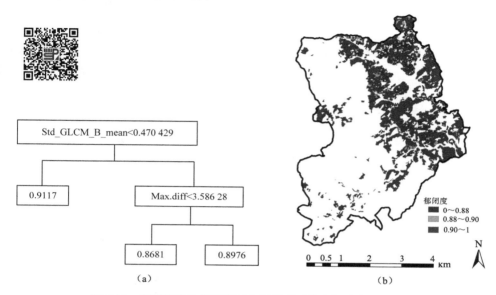

（a）　　　　　　　　　　　　　　　　　　　（b）

图 6.10　基于样地的郁闭度回归树模型及其空间分布估算结果

表 6.8　郁闭度模型精度评价

分类数据	实地数据			
	小于 0.882 85	0.882 85～0.904 65	大于 0.904 65	总数
小于 0.882 85	3	1	1	5
0.882 85～0.904 65	2	13	7	22
大于 0.904 65	1	5	20	26
总数	6	19	28	53
生产者精度	50%	68.42%	71.43%	
用户精度	60%	59.09%	76.92%	
总精度	总精度=67.92%，Kappa 系数=0.4483			

4. 碳储量估算结果

基于样地的碳储量回归树模型如图 6.11（a）所示。最终构建的毛竹林碳储量回归树模型含有 5 个终节点，其中红波段均值纹理影像标准差、蓝波段均值纹理影像标准差、红波段反差纹理影像标准差、红波段方差纹理影像均值等 4 个影像特征与碳储量存在强相关性。碳储量模型精度评价见表 6.9，该模型的总精度为 58.49%，Kappa 系数为 0.4495，与郁闭度模型估算结果类似，达到了较好水平。碳储量回归树模型反演得到的研究区毛竹林碳储量空间分布估算结果如图 6.11（b）所示。

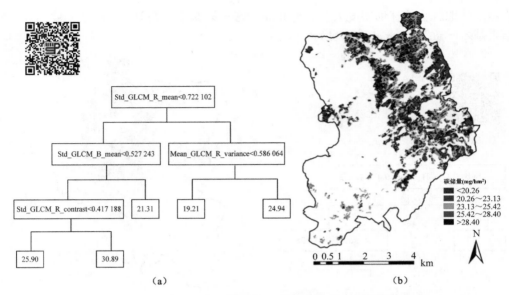

图 6.11　基于样地的碳储量回归树模型及其空间分布估算结果

表 6.9　碳储量模型精度评价

分类数据	实测数据					
	小于 20.26	20.26～23.13	23.13～25.42	25.42～28.40	大于 28.40	总数
小于 20.26	5	3	0	0	0	8
20.26～23.13	3	0	1	1	0	5
23.13～25.42	1	1	3	1	2	8
25.42～28.40	0	2	2	6	2	12
大于 28.40	0	1	1	1	17	20
总数	9	7	7	9	21	53
生产者精度	55.56%	0	42.86%	66.67%	80.95%	
用户精度	62.5%	0	37.5%	50%	85%	
总精度	总精度=58.49%，Kappa 系数=0.4495					

6.6　小结与讨论

采用综合面向对象和决策树方法，利用 SPOT5 卫星遥感技术，实现了毛竹林专题信息提取以及胸径、树高、郁闭度等调查因子和碳储量遥感定量估算。

研究表明，通过综合面向对象多尺度分割的对象特征和决策树，能够充分利用不同尺度层次信息关联的优势，实现毛竹林专题信息高精度提取，其用户精度为 89.1%。决策树模型与监督分类方法相似，训练样本的数量和质量对最终分类结果有很大的影响。本研究通过多尺度分割构建 5 个尺度层，第一至第四尺度层都需要选取符合每种地物特征的训练样本，结果证明，若样本能够代表各种地物的特征，则分类效果较为满意，其总精度达到 84.95%，Kappa 系数约为 0.8，但是由于毛竹林训练样本选择有限，因此，可能会对特征变量筛选和回归树模型构建产生不利的影响，从而导致其生成精度相对较低。本研究是在面向对象多尺度分割的基础上进行分类的，因此，影像的最佳分割尺度需要采用更加客观的而不是主观设定的方法进行确定（Ke et al.，2010），以确保毛竹林对象的特征变量筛选和回归树模型构建，我们在这方面的研究也取得了一些探索性进展（Sun et al.，2014）。

研究表明，基于多尺度影像特征构建的毛竹林调查因子及碳储量回归树估算模型，其估算结果均能达到正常水平或较好水平。其中，郁闭度回归树模型的精度最高，为 67.92%，其估算结果达到了较好水平。由郁闭度回归树模型[图 6.10（a）]分析可知，最大差分和蓝波段均值纹理影像标准差均与毛竹林郁闭度之间存在较强的相关关系，因此可作为郁闭度的估算特征变量。最大差分实际上是反映了影像明度（intensity）的最大变化情况。毛竹林具有较高的郁闭度（Shang et al.，2013），其在毛竹林分布区亮度明显高；先前的研究也表明，太阳光照分量远远高于其他分量（Du et al.，2011，），而该分量也是几何光学模型计算郁闭度的关键因子（Zeng et al.，2009）。因此，采用最大差分作为模型变量估算郁闭度较为适合，也符合郁闭度的基本概念（李永宁 等，2008）。Chubey 等（2006）研究表明蓝光波段与低郁闭度分布区域的相关性强，而本研究蓝光波段的相关信息与毛竹林高郁闭度分布区域的相关性强[图 6.10（a）]，这两者并不矛盾，Chubey 采用的是 Ikonos-2 遥感数据，其蓝光波段波长为 0.445~0.516μm，而本研究蓝光波段实际上是用 SPOT5 影像数据原来的绿光波段代替的，其波长为 0.50~0.59μm，因此本研究蓝光波段和 Chubey 绿光波段所反映的遥感信息特征存在本质差异。Chubey 指出文中遥感变量和森林调查参数之间相关关系的生物学解释只限于经验，可能并不适用于其他数据。

毛竹林平均胸径和平均树高估算的总精度相对较低，估算结果不理想，先前学者的相关研究也表明，采用光学遥感数据进行森林树高估算是不可靠的（Chubey et al.，2006）。激光雷达（lidar）数据能够直接观测如冠层高度、森林垂直和空间分布状况等植被冠层参数，近年来其在森林结构、植被高度、胸径等参数估算方面也得到了很好的应用（李旺 等，2013；EnSSle et al.，2014；刘鲁霞 等，2014），这也是本研究未来的努力方向。

森林碳储量遥感定量估算是近年来的研究热点，目前碳储量遥感估算模型变量多是基于像元特征设定的（杜华强 等，2012），而以对象特征作为变量构建碳储量估算模型则较为少见。本研究基于 SPOT5 遥感数据采用面向对象结合决策树构建的毛竹林碳储量估算模型，估算结果较好，尤其是在高值区域其估算精度大于 80%。但是总精度仅约 60%，其可能原因有两个方面。一是检验样本比较少。

例如，在 23.13～25.42mg/hm^2 这一区间仅有 7 个样本，而在 20.26～23.13mg/hm^2 这一区间低碳储量分布甚至没有检验样本（表 6.9），从而导致了模型总精度下降。因此，收集更多覆盖研究区域的样本数据用于回归树模型构建和精度验证，可能会得到更好的结果。二是面向对象多尺度分割后，一个对象往往包含多个像元（图 6.6），因此对象的特征是多个像元的总体特征。例如，本研究碳储量回归树模型的红光波段的均值纹理影像标准差、反差纹理影像标准差、方差纹理影像均值及蓝光波段均值纹理影像标准差等 4 个变量，然而同一对象内的各像元仍然存在着一定的差异，这样就导致基于对象特征建立的碳储量估算模型不可避免地存在误差。

参 考 文 献

白秀莲, 2012. 基于决策树方法的遥感影像分类研究[D]. 呼和浩特: 内蒙古师范大学.

曹宝, 秦其明, 马海建, 等, 2006. 面向对象方法在 SPOT5 遥感图像分类中的应用: 以北京市海淀区为例[J]. 地理与地理信息科学, 22(2): 46-49, 54.

陈丽萍, 2011. 基于决策树的面向对象分类方法研究[D]. 阜新: 辽宁工程技术大学.

陈筱勇, 2008. 基于纹理特征的遥感图像检索方法研究[D]. 郑州: 解放军信息工程大学.

董连英, 邢立新, 潘军, 等, 2013. 高光谱图像植被类型的 CART 决策树分类[J]. 吉林大学学报 (信息科学版), 31(1): 83-89.

杜华强, 周国模, 徐小军, 2012. 竹林生物量碳储量遥感定量估算[M]. 北京: 科学出版社.

杜晓明, 蔡体久, 琚存勇, 2008. 采用偏最小二乘回归方法估测森林郁闭度[J]. 应用生态学报, 19(2): 273-277.

范渭亮, 杜华强, 周国模, 等, 2010. 大气校正对毛竹林生物量遥感估算的影响[J]. 应用生态学报, 21(1): 1-8.

冯建辉, 杨玉静, 2007. 基于灰度共生矩阵提取纹理特征图像的研究[J]. 北京测绘(3): 19-22.

谷成燕, 杜华强, 周国模, 等, 2013. 基于 PROSAIL 辐射传输模型的毛竹林叶面积指数遥感反演[J]. 应用生态学报, 24(8): 2248-2256.

谷宁, 2007. 基于 eCognition 的城市规划动态监测技术研究[D]. 北京: 北京林业大学.

关元秀, 程晓阳, 2008. 高分辨率卫星影像处理指南[M]. 北京: 科学出版社.

韩凝, 张秀英, 王小明, 等, 2010. 高分辨率影像香榧树分布信息提取[J]. 浙江大学学报, 44(3): 420-425.

韩凝, 2011. 空间信息在面向对象分类方法中的应用: 以 IKONOS 影像香榧树分布信息提取研究为例[D]. 杭州: 浙江大学.

李春干, 2009. 面向对象的遥感图像森林分类研究与应用[M]. 北京: 中国林业出版社.

李旺, 牛铮, 高帅, 等, 2013. 机载激光雷达数据分析与反演青海云杉林结构信息[J]. 遥感学报, 17(6): 1612-1626.

李永宁, 张宾兰, 秦淑英, 等, 2008. 郁闭度及其测定方法研究与应用[J]. 世界林业研究, 21(1): 40-46.

刘鲁霞, 庞勇, 李增元, 等, 2014. 用地基激光雷达提取单木结构参数: 以白皮松为例[J]. 遥感学报, 18(2): 365-377.

陆超, 2012. 基于 WorldView-2 影像的面向对象信息提取技术研究[D]. 杭州: 浙江大学.

陆国富, 杜华强, 周国模, 等, 2012. 毛竹笋快速生长过程中冠层参数动态及其与光合有效辐射的关系[J]. 浙江农林大学学报, 29(6): 844-850.

罗震, 2009. 基于高分辨率遥感的成都平原农村聚落信息提取研究[D]. 成都: 电子科技大学.

马莉, 范影乐, 2009. 纹理图像分析[M]. 北京: 科学出版社.

庞勇, 李增元, 陈尔学, 等, 2005. 激光雷达技术及其在林业上的应用[J]. 林业科学, 41(3): 129-136.

乔艳雯, 臧淑英, 那晓东, 2013. 基于决策树方法的淡水沼泽湿地信息提取: 以扎龙湿地为例[J]. 中国农学通报, 29(8): 169-174.

施拥军, 徐小军, 杜华强, 等, 2008. 基于 BP 神经网络的竹林遥感监测研究[J]. 浙江林学院学报, 25(4): 417-421.

史舟，李艳，2006. 地统计学在土壤学中的应用[M]. 北京：中国农业出版社.

孙显，付琨，王宏琦，2011. 高分辨率遥感图像理解[M]. 北京：科学出版社.

孙晓艳，杜华强，韩凝，等，2013. 面向对象多尺度分割的 SPOT5 影像毛竹林专题信息提取[J]. 林业科学，49(10): 80-87.

田新光，2007. 面向对象高分辨率遥感影像信息提取[D]. 北京：中国测绘科学研究院.

王红光，刘义范，2013. 基于灰度共生矩阵的影像纹理特征研究[J]. 测绘通报，2: 28-30.

王政权，1999. 地统计学及在生态学中的应用[M]. 北京：科学出版社.

魏红宁，2005. 决策树剪枝方法的比较[J]. 西安交通大学学报，40(1): 44-48.

徐丽娟，2012. 基于纹理分析云的分类技术的研究[D]. 南京：南京信息工程大学.

徐小军，2009. 基于 Landsat TM 影像毛竹林地上部分碳储量估算研究[D]. 临安：浙江林学院.

徐小军，杜华强，周国模，等，2008. 基于遥感植被生物量估算模型自变量相关性分析综述[J]. 遥感技术与应用，23(2): 239-247.

徐小军，杜华强，周国模，等，2011. 基于 Landsat TM 数据估算雷竹林地上部分生物量[J]. 林业科学，47(9): 1-6.

徐小军，周国模，杜华强，等，2013. 样本分层对毛竹林地上部分碳储量估算精度的影像[J]. 林业科学，49(6): 18-24.

张明媚，2012. 面向对象的高分辨率遥感影像建筑物特征提取方法研究[D]. 太原：太原理工大学.

张振勇，王萍，朱鲁，2007. eCognition 技术在高分辨率遥感影像信息提取中的应用[J]. 国土资源信息化(2): 15-17.

BAATZ M, SCHAPE A, 2000. Multiresolution Segmentation: an optimization approach for high quality multi-scale image segmentation[J]. Journal of Photogrammetry and Remote Sensing, 58: 12-23.

BENVENISTE A, NILOULHAH R, WILLSKY A S, 1994. Multiscale system theory[J]. IEEE Transaction on Circuits and Systems, 41(1): 2-15.

BREIMAN L, FRIEDMAN J, OLSHEN R A, et al., 1984. Classification and regression trees[M]. Belmont: Wadsworth: 1-358.

CHUBEY M S, FRANKLIN S E, WULDER M A, et al., 2006. Object-based analysis of Ikonos-2 imagery for extraction of forest inventory parameters[J]. Photogrammetric Engineering & Remote Sensing, 72(4): 383-394.

CURRAN P J, 1988. The semivariogram in remote sensing: an introduction[J]. Remote Sensing of Environment, 24(3): 493-507.

DU H Q, FAN W L, ZHOU G M, et al., 2011. Retrieval of the canopy closure and leaf area index of moso bamboo forest using spectral mixture analysis based on the real scenario simulation[J]. IEEE Transactions on Geoscience and Remote Sensing, 49(11): 4328-4340.

DU H Q, ZHOU G M, GE H L, et al., 2012. Satellite-based carbon stock estimation for bamboo forest with a nonlinear partial least square regression technique[J]. International Journal of Remote Sensing, 33(6): 1917-1933.

ENSSLE F, HEINZEL J, KOCH B, 2014. Accuracy of vegetation height and terrain elevation derived from ICESat/GLAS in forested areas[J]. International Journal of Applied Earth Observation and Geoinformation, 31: 37-44.

FRANKLIN S E, WULDER M A, LAVIGNE M B, 1996. Automated derivation of geographic windows for use in remote sensing digital image analysis[J]. Computers and Geosciences, 22(6): 665-673.

GU D G, GILLESPIE A, 1998. Topographic normalization of Landsat TM images of forest based on subpixelsun-canopy-sensor geometry[J]. Remote Sensing of Environment, 64(2): 166-175.

HAN N, WANG K, YU L, et al., 2012. Integration of texture and landscape features into object-based classification for delineating Torreya using IKONOS imagery[J]. International Journal of Remote Sensing, 33(7): 2003-2033.

HARALICK R M, SHANMUGAM K, DINSTEIN I, et al., 1973. Textual features for image classification[J]. IEEE Transactions on Systems, Man, and Cybernetics, 3(6): 610-621.

KE Y H, QUACKENBUSH L J, IM J, 2010. Synergistic use of Quickbird multispectral imagery and LIDAR data for object-based forest species classification[J]. Remote Sensing of Environment, 114(6): 1141-1154.

LANDIS J R, KOCH G G, 1977. The measurement of observer agreement for categorical data[J]. Biometrics, 33: 159-174.

LIAN L, CHEN J, et al., 2011. Research on segmentation scale of multi-resources remote sensing data based on object-oriented[J]. Procedia Earth and Planetary Science, 2: 352-357.

MALLINIS G, KOUTSIAS N, TSAKIRI-STRATI M, et al., 2008. Object-based classification using Quickbird imagery for delineating forest vegetation polygons in a Mediterranean test site[J]. ISPRS Journal of Photogrammetry & Remote Sensing, 63(2): 237-250.

MOLLER M, LYMBURNER L, VOLK M, 2007. The comparison index: a tool for assessing the accuracy of image segmentation[J]. International Journal of Applied Earth Observation and Geoinformation, 9(3): 311-321.

NIBLETT T, BRATKO I, 1986. Learning decision rules in noisy domains[A]. Proceedings of Expert Systems'86 [C]. Cambridge: Cambridge Uninversity Press: 25-34.

QUINLAN J R, 1987. Simplifying decision trees[J]. International Journal of Man-Machine Studies, 27(3): 221-234.

SHANG Z Z, ZHOU G M, DU H Q, et al., 2013. Moso bamboo forest extraction and aboveground carbon storage estimation based on multi-source remote sensor images[J]. International Journal of Remote Sensing, 34(15): 5351-5368.

SONG C H, DICKINSON M B, SU L H, et al., 2010. Estimating average tree crown size using spatial information from Ikonos and Quickbird images: across-sensor and across-site comparisons[J]. Remote Sensing of Environment, 114 (5): 1099-1107.

STOW D, HAMADA Y, COULTER L, et al., 2008. Monitoring shrubland habitat changes through object-based change identification with airborne multispectral imagery[J]. Remote Sensing of Environment, 112: 1051-1061.

SUN X Y, DU H Q, HAN N, et al., 2014. Synergistic use of Landsat TM and SPOT5 imagery for object-based forest classification[J]. Journal of Applied Remote Sensing, 8(1): 83550-83564.

VAN COILLIE F M B, VERBEKE L P C, DE WULF R R, 2007. Feature selection by genetic algorithms in object-based classification of IKONOS imagery for forest mapping in Flanders , Belgium[J]. Remote Sensing of Environment, 110(4): 476-487.

WITKIN A P, 1984. Scale space filtering: a new approach to multiscale description[C]. IEEE International Conference on ICASSP, 9: 150-153.

WOLTER P T, TOWNSEND P A, STURTEVANT B R, 2009. Estimation of forest structural parameters using 5 and 10 meter SPOT-5 satellite data[J]. Remote Sensing of Environment, 113(9): 2019-2036.

XU X J, DU H Q, ZHOU G M, et al., 2011. Estimation of aboveground carbon stock of moso bamboo (*Phyllostachys heterocycla* var. *pubescens*) forest with a Landsat Thematic Mapper image[J]. International Journal of Remote Sensing, 32(5): 1431-1448.

YU Q, GONG P, CLINTON N, et al., 2006. Object-based detailed vegetation classification with airborne high spatial resolution remote sensing imagery[J]. Photogrammetric Engineering and Remote Sensing, 72(7): 799-811.

ZENG Y, SCHAEPMAN M E, WU B F, et al., 2007. Forest structure variables retrieval using EO-1 Hyperion data in combination with linear spectral unmixing and an inverted geometric-optical model[J]. Journal of Remote Sensing (China), 11(5): 648-658.

ZENG Y, SCHAEPMAN M E, WU B F, et al., 2009. Quantitative forest canopy structure assessment using an inverted geometric-optical model and up-scaling[J]. Journal of Remote Sensing, 30(6): 1385-1406.

ZHAO J, LI J, LIU Q H, 2013. Review of forest vertical structure parameter inversion based on remote sensing technology[J]. Journal of Remote Sensing, 17(4): 697-716.

ZHOU G M, XU X J, DU H Q, et al., 2011. Estimating moso bamboo forest attributes using the k nearest neighbors technique and satellite imagery[J]. Photogrammetric Engineering and Remote Sensing, 77(11): 1123-1131.

第 7 章　竹林 MODIS LAI 时间序列同化

7.1　引　　言

LAI 在时间序列上的变化趋势可以反映植被的生长状况，并常作为全球陆地生态系统碳水循环、能量交换等研究中的重要参数和指标（Jonckheere et al.，2004）。LAI 获取易受时间和空间不连续的影响。传统的实地测量仅能提供小区域的 LAI 分布，而且费时费力。随着卫星遥感技术的快速发展，在大区域范围内通过遥感观测动态监测植被特征和估算 LAI 日益普及（Chen et al.，1996；Plummer，2000；Ma et al.，2014；Liu et al.，2015）。然而，由于遥感观测易受大气因素和传感器故障等其他因素影响，导致 LAI 产品噪声大，精度较低，在时空上误差较大，不能很好地反映植物生长过程的连续性，从而制约了 LAI 产品的全球应用（Heinsch et al.，2006）。数据同化技术将遥感观测数据与动态模型耦合在一起，采用实际观测数据校正动态模型的预测值得到最优分析值，从而提高遥感观测数据的精度，解决了遥感数据的时空不连续性。

在耦合遥感数据和辐射传输模型或生态系统模型的数据同化研究中，集合卡尔曼滤波和粒子滤波是获取高精度 LAI 时空分布的重要方法。集合卡尔曼滤波算法是将集合预报和卡尔曼滤波有机地结合起来，通过运用集合的方式来估计预测值和分析值误差协方差矩阵，不需要计算模型的切线方程和伴随模式，减少了计算负担（李喜佳 等，2014），但由于集合卡尔曼滤波算法是基于高斯分布假设的，因此仅仅考虑概率密度分布的一阶矩和二阶矩会造成数据信息损失（马建文 等，2012）。粒子滤波算法延续了集合卡尔曼滤波算法的集合思想，采用蒙特卡罗采样方法来近似状态变量的整个后验概率密度分布（李新 等，2010），对权重较大的粒子进行重采样来完成滤波过程，适用于非线性非高斯系统。与集合卡尔曼滤波算法相比，粒子滤波算法不受模型状态变量和误差高斯分布假设的影响，没有复杂的矩阵求逆和矩阵转置，计算效率较高（毕海芸 等，2014）。例如，Xiao 等（2011）通过集合卡尔曼滤波耦合辐射传输模型 MCRM、MODIS 反射率和 LAI 动态模型来同化站点上的 LAI，同化结果提高了 MODIS LAI 的精度；李喜佳等（2014）运用双集合卡尔曼滤波分别对农作物、高草地和落叶阔叶林的 LAI 进行同化，同化后的 LAI 符合植被变化规律；毕海芸等（2014）利用粒子滤波算法对土壤水分进行估算，并对 3 个水力参数进行优化，大幅度提高了土壤水力的估算精度；Li 等（2015a）利用粒子滤波将不同时间尺度 LAI 同化到环境资源综合作物模型中估计小麦产量，提高了模型对小麦产量的预测精度；解毅等（2015）利用四维变分同化和集合卡尔曼滤波分别对单点和区域上的 LAI 进行同化来估算冬小麦产量，同化结果更符合冬小麦 LAI 的变化规律；Zhang 等（2016）利用集合卡尔曼滤波和无迹卡尔曼滤波对两个通量站点的 LAI 进行同化，同化结果能够提高碳通量和蒸散量的模拟精度，降低误差。

　　热带、亚热带森林具有类型多样、光合能力强、四季生长等特点，其森林生态系统的总初级生产力和碳吸收约占全球的 40%（Christian et al.，2010；Tan et al.，2011）。中国是亚热带森林重要分布区，森林碳汇潜力巨大，尤其是广泛分布于中国亚热带地区的竹林具有较强的固碳潜力（Yen et al.，2010；Yen et al.，2011；Zhou et al.，2011；Yen，2015）。随着全球气温升高，竹林碳汇功能及其在应对全球气候变化中的作用日益凸显（Lou et al.，2010；Han et al.，2013；Li et al.，2015b）。本章以浙江省竹林为研究对象。首先，对 MODIS LAI 数据进行三次样条帽盖算法（the locally adjusted cubic-spline capping，LACC）平滑处理，剔除像元异常值；其次，通过构建动态模型预测 LAI 值；再次，利用双集合卡尔曼滤波（Daul EnKF）和粒子滤波（particle filter，PF）两种同化算法将 MODIS 反射率数据和 PROSAIL 模拟冠层反射率同化到 LAI 动态模型，对竹林 LAI 进行同化；最后，将同化的 LAI 与站点实测 LAI 进行对比分析，并选取同化效果较好的同化方法对浙江省区域竹林 LAI 进行同化。

7.2　研　究　方　法

7.2.1　研究区域概况

　　根据第八次森林资源清查结果，浙江省现有竹林面积为 83.34 万公顷，位居全国第三。为了研究竹林碳汇功能，我们在浙江省区域内分别设立了毛竹林通量观测塔和雷竹林通量观测塔，如图 7.1 所示。

　　毛竹林通量观测塔（北纬 30.46°，东经 119.66°）设在浙江省安吉县山川乡。安吉县位于浙江省西北部，1 月平均气温为 2.5℃，7 月平均气温为 27.8℃，属于亚热带季风气候区，年平均降水量为 1400mm。安吉县竹林资源十分丰富，其中毛竹林面积为 5.53 万公顷，约占全县林地总面积的 45%。毛竹林通量观测塔的高度为 40m，通量塔周围数平方公里范围内均以毛竹林为主，冠层高度为 12~18m，林下有稀疏的灌木和草本等植被，林型为人工集约经营的纯毛竹林。

　　雷竹林通量观测塔（北纬 30.30°，东经 119.58°）设在浙江省杭州市临安区太湖源镇。临安区为中国十大"竹子之乡"之一，也是中国雷竹集中种植的区域，该区域属于亚热带季风气候区，气候温暖湿润，年平均气温为 16℃，雨量充沛，年降水量超过 1700mm。太湖源镇是临安区竹笋产业第一大镇，现有竹林面积为

0.64 万公顷，其中雷竹林面积为 0.31 万公顷，约占该镇竹林总面积的 50%。通量塔周围雷竹林平均高度为 4.5m，以 2～3 年生竹为主，林下灌木稀少，是人工集约经营的经济林类。

（a）毛竹林通量塔　　　　　　　　　　　　　　　（b）雷竹林通量塔

图 7.1　竹林碳通量塔

7.2.2　数据收集与处理

从 NASA 官网（https://ladsweb.nascom.nasa.gov）下载浙江省区域 MODIS 数据。MODIS 数据包括 MODIS LAI 产品（MOD15A2）、地表反射率数据（MOD09A1）和 MODIS NDVI 数据（MOD13Q1）。MODIS LAI 和地表反射率数据每 8 天合成一次，标准产品一年有 46 个时相数据，其中 LAI 产品空间分辨率为 1000m，而地表反射率数据空间分辨率为 500m。MODIS NDVI 数据每 16 天合成一次，标准产品一年有 23 个时相数据，其中 NDVI 产品空间分辨率为 250m。利用重投影软件（MODIS reprojection tools，MRT）将 MODIS 原始产品重投影到 UTM/WGS84 坐标系统，并利用最近邻域法将空间分辨率统一重采样到 1000m。

为了减少 MODIS LAI 数据噪声，本研究利用 LACC 平滑算法对浙江省区域的 LAI 进行平滑处理（Liu et al.，2012）。利用 ENVI5.1 软件提取两个通量塔站点所在像元值。采用 MODIS 反射率的第一波段（RED）和第二波段（NIR）作为观测值在数据同化过程中校正 LAI 时间序列曲线。

本研究选择 2012 年和 2014 年的 MODIS NDVI 产品，以及 2012 年第 289 天和 2014 年第 273 天的 MODIS 反射率影像参与分类。在前 22 个时相的 NDVI 数据中取相邻两个时期的最大值作为新的 NDVI 值，最后一个时相的 NDVI 数据保持不变，并合并成为 12 个波段的多波谱 NDVI 数据。

我们主要在浙江省安吉县毛竹林（moso bamboo forest，MBF）试验区和临安区雷竹林（lei bamboo forest，LBF）试验区进行观测获取 LAI 观测数据。LAI 值采用 WinSCANOPY 冠层分析仪获取，每月约观测一次。每次观测时，分别在以通量塔为中心 1km 范围内设置 5 块固定样地，每块样地设置 5 个观测样点，LAI

观测样地设置如图 7.2 所示。LAI 测量和处理方法参见文献（谷成燕 等，2013）。其中，毛竹林从 2014 年春季开始测量，雷竹林地面观测时间主要从 2014 年冬季开始。测量时，在通量观测塔边选择一株健康样木，采用便携式反射光谱仪（analyzed spectral devices，ASD）测量样木反射率。样本反射率包括叶片反射率和冠层反射率。叶片反射率的具体测量方法参见文献（谷成燕 等，2013；孙少波等，2016）。测量冠层反射率时，在塔上距离冠层顶部约 1.5m 处，用 ASD 探头垂直向下，在树冠东、南、西、北四个方向各测量一次，每个方向获取 10 组光谱数据，以四个方向的平均值作为冠层反射率测量结果。实测叶片反射率和冠层反射率用来对 PROSAIL 模型的参数进行校正。

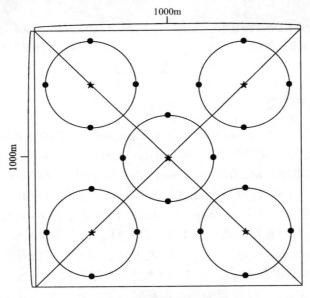

图 7.2　LAI 观测样地设置

7.2.3　浙江省竹林遥感信息提取

由于竹林分布较为零散和 MODIS 产品空间分辨率较低，因此在进行遥感影像分类及提取竹林专题信息时会出现较大的误差。首先，基于 MODIS NDVI 数据和地表反射率数据提取全省林地专题信息；其次，在林地专题信息基础上，对 MODIS 地表反射率数据进行掩膜提取林地反射率，并对林地反射率进行 MNF 变换；再次，利用影像端元法提取竹林端元，并结合野外调查样地所知的纯净像元点对竹林端元的感兴趣区进行目视判读，确定纯净像元的端元组分，提取遥感影像竹林端元光谱曲线（Shang et al.，2013）；最后，利用竹林端元光谱曲线，通过完全约束最小二乘法混合像元分解法，得到浙江省竹林丰度图（Mao et al.，2017；Du et al.，2018；Li et al.，2018）。

7.2.4 LAI 同化方法

1. LAI 动态模型

以 Dickinson 等（2008）提出的半经验模型为基础构建 LAI 动态变化过程模型，其表达式为

$$\frac{\mathrm{d}L}{\mathrm{d}t} = \lambda_0 \cdot R(x) \cdot L_0 \cdot [1 - \exp(-c \cdot \mathrm{LAI}_t)] \tag{7-1}$$

$$\mathrm{LAI}_{t+1} = \mathrm{LAI}_t + \int_t^{t+1} \frac{\mathrm{d}L}{\mathrm{d}t} \mathrm{d}t - L_t \cdot \mathrm{LAI}_t \tag{7-2}$$

式中，LAI_{t+1} 和 LAI_t 分别为 $t+1$ 时刻和 t 时刻的 LAI 值；$R(x)$ 是一个平滑函数，x 为 LAI 归一化值，$x = (\mathrm{LAI}_t - \mathrm{LAI}_{\min}) / (\mathrm{LAI}_{\max} + \mathrm{LAI}_{\min})$，$\mathrm{LAI}_{\max}$、$\mathrm{LAI}_{\min}$ 为一年中 LAI 的最大值和最小值；L_0 表示冠层叶面积指数可能达到的最大值；L_t 为叶片凋落率，与叶丛的生物量和植物的物候期有关（黄玫 等，2006）。其中，λ_0、L_0、L_t 和 c 为模型经验参数。本研究中，c 取值为 0.5，参数 λ_0、L_0、L_t 初始值根据多次实测 LAI 拟合得到，动态模型 LAI 的初始值采用 2013 年 MODIS 反射率与查找表匹配得到。

2. 辐射传输模型

PROSAIL 辐射传输模型耦合了叶片光学特性模型 PROSPECT 和冠层二向反射率模型 SAIL 两种模型（谷成燕 等，2013）。PROSPECT 模型是 Jacquemoud 等（1990）提出的基于 Allen 平面模型改进的辐射传输模型，该模型通过模拟叶片，400～2500nm 间隔 5nm 的上行和下行辐射能量得到叶片反射率和透射率。Feret 等（2008）对 PROSPECT 模型进行改进，提出了 PROSPECT5 模型，该模型通过区分叶绿素和类胡萝卜素计算新的折射指数，设置合理的叶片表面参数，使模型模拟的叶片反射率更加准确。SAIL 模型是由 Verhoef 在 SUITS 模型基础上进行扩充和改进得到的，该模型能够描述水平均匀植被冠层中直射和上下行散射光通量的辐射传输过程，基于环境参数和生化参数可以模拟任意太阳高度和观测方向的冠层反射率（Verhoef，1984）。Verhoef 等（2007）又提出了适用性更强、更加优化的四流辐射传输模型（4SAIL）。因此，PROSPECT5 模型耦合 4SAIL 模型可以模拟得到更高精度的森林冠层反射率。

在利用 PROSAIL 模型对冠层反射率进行反演时，首先，利用 PROSPECT5 模型模拟叶片反射率；其次，利用研究区实测叶片反射率数据对模型参数进行优化，从而得到两种竹林最优参数，使模拟叶片反射率与实测叶片反射率达到最佳匹配（谷成燕 等，2013）；最后，在上述研究的基础上，通过调整 4SAIL 模型参数与实测冠层反射率进行匹配，得到最适模型参数，使模型反演的反射率与实测

冠层反射率有一个较好的匹配。

另外，我们还利用 PROSAIL 模型建立了查找表来反演 LAI 动态模型的初始值，通过设置 PROSAIL 模型参数的范围和步长，模拟不同参数组合下的冠层反射率。在模型反演过程中，SAIL 模型 LAI 的变化范围为 0.5~7，步长为 0.1，将模拟的冠层反射率建立光谱库，并将反射率光谱重采样到 MODIS RED 和 NIR 的中心波长，然后建立一个竹林 LAI-冠层反射率查找表。

有关 PROSAIL 模型更详细的介绍参见第 4 章 4.2。

3. 双集合卡尔曼滤波

集合卡尔曼滤波（EnKF）算法是基于蒙特卡罗的集合预报方法估计预报误差协方差的顺序数据同化算法（Evensen，1994）。EnKF 的最大优点是不需要预报算子的切线性模式和伴随模式，能够解决复杂的非线性高斯问题（Evensen，2003）。标准 EnKF 方程为

$$A^a = A + K(Y^o - HA) \tag{7-3}$$

$$K = PH^{\mathrm{T}}(HPH^{\mathrm{T}} + R)^{-1} \tag{7-4}$$

$$P = \frac{1}{N-1}\sum_{i=1}^{N}(A - \bar{A})(A - \bar{A})^{\mathrm{T}} \tag{7-5}$$

$$PH^{\mathrm{T}} = \frac{1}{N-1}\sum_{i=1}^{N}(A - \bar{A})(HA - H\bar{A})^{\mathrm{T}} \tag{7-6}$$

$$HPH^{\mathrm{T}} = \frac{1}{N-1}\sum_{i=1}^{N}(HA - H\bar{A})(HA - H\bar{A})^{\mathrm{T}} \tag{7-7}$$

式中，A^a 和 A 分别为分析状态变量集合和动态模型预测集合；$\bar{A}$ 为集合 A 的均值；Y^o 为带有扰动的观测向量集合；R 为 Y^o 的协方差矩阵；H 为一个联系模型状态变量和观测量的观测算子；T 为矩阵转置；P 为动态模型预测值的误差协方差矩阵。标准 EnKF 中的 H 是线性算子，而本研究采用的 PROSAIL 辐射传输模型是一个非线性算子 $h(\cdot)$，不适用于标准 EnKF。因此，构建适合于复杂的非线性模型的 EnKF 算法参考文献（Evensen，2003）。

Dual EnKF 方法是在一次更新过程中利用两次 EnKF，相对于标准 EnKF，Dual EnKF 用于 LAI 同化更加有效，尤其是基于高质量的遥感观测数据时。Dual EnKF 方法的具体算法和步骤请参考文献（李喜佳 等，2014）。

4. 粒子滤波同化算法

粒子滤波算法采用蒙特卡罗采样方法来近似状态变量的整个后验概率密度分布。它的基本思想是利用一系列加权粒子来逼近状态变量的后验概率密度分布，能够更好地表现非线性系统变化信息（马建文 等，2012）。粒子滤波算法不受模型线性和误差高斯分布假设的约束，适用于任意非线性非高斯系统。假设独

立从状态变量的后验概率分布中抽取 N 个粒子，则状态后验概率密度分布可以通过式（7-8）近似得到

$$\hat{p}(x_k \mid z_{1:k}) = \frac{1}{N}\sum_{i=1}^{N}\delta(x_k - x_k^i) \tag{7-8}$$

式中，δ 为 Dirac 函数；k 为时间；x_k^i 为粒子状态值；z_k 为观测值；$\hat{p}(x_k \mid z_{1:k})$ 为后验概率分布近似值。由于粒子滤波算法中状态后验概率密度分布无法直接得到，从而无法对 $p(x_k \mid z_{1:k})$ 进行采样，为了解决这个问题，本书采用序贯重要性采样方法，它采用递归的方式计算粒子的权值，计算公式为

$$w_k^i = w_{k-1}^i \frac{p(z_k \mid x_k^i)p(x_k^i \mid x_{k-1}^i)}{q(x_k^i \mid x_{k-1}^i, z_k)} \tag{7-9}$$

$$q(x_k^i \mid x_{k-1}^i, z_k) = p(x_k^i \mid x_{k-1}^i) \tag{7-10}$$

式中，$q(x_k^i \mid x_{k-1}^i, z_k)$ 为重要性采样函数；$p(z_k \mid x_k^i)$ 为似然函数；w_k^i 表示 k 时刻粒子权重。

$$w_k^i = w_{k-1}^i p(z_k \mid x_k^i) \tag{7-11}$$

最终状态变量的估计值即为所有粒子状态值的加权平均。

$$\hat{x}_k = \sum_{i=1}^{N} w_k^i x_k^i \tag{7-12}$$

粒子滤波算法及序贯重要性采样方法详细信息参考文献（Jiang et al.，2014；毕海芸 等，2014）。对于粒子滤波而言，其主要的缺陷是粒子退化问题，粒子退化会随着滤波迭代次数的不断增加，导致大部分粒子权重会变得很小，而只有很少粒子的权重较大。一种有效方法是通过计算粒子数 N_{eff} 大小来判断粒子退化程度（Kong et al.，1994），其计算公式为

$$N_{\text{eff}} = \frac{N}{1 + \text{Var}(w_k^{*i})} \tag{7-13}$$

式中，N_{eff} 为有效粒子数，由于粒子的真实权重 w_k^{*i} 很难精确地计算，因此，通常运用下式来估计 N_{eff}，表达式为

$$\hat{N}_{\text{eff}} = \frac{1}{\displaystyle\sum_{i=1}^{N} w_k^i} \tag{7-14}$$

式中，$\hat{N}_{\text{eff}}$ 为有效粒子数的估计值；w_k^i 为归一化权重。

当 $\hat{N}_{\text{eff}}$ 较小时，表示有效粒子退化很严重，反之亦然。因此，当有效粒子数小于一定的阈值时，表明粒子退化较为严重。

解决粒子退化问题一般采用重采样方法，因此本研究采用残差重采样方法对粒子退化严重进行重采样。残差重采样方法不仅能够解决粒子的退化问题，还可以保证粒子的多样性。

残差重采样通过计算粒子的复制次数来产生新的粒子。第 i 个粒子复制的次

数，计算公式为

$$n_k^i = [Nw_k^i - Nw_k^{i-1}]$$ （7-15）

式中，n_k^i 为 k 时刻第 i 个粒子复制的次数；N 为粒子数目；w_k^i 为归一化粒子权重；[]为取整函数。

当粒子数目 $n_k^i > 0$ 时，粒子 x_k^i 被定义为母粒子，并在母粒子的基础上利用 Halton 序列和指数函数生产新的粒子序列。

当 n_k^i 为偶数时，其公式为

$$\{x_k^i - h_k^j\}, \cdots, \{x_k^i - h_k^1\}, \{x_k^i\}, \{x_k^i\}, \{x_k^i + h_k^1\}, \cdots, \{x_k^i + h_k^j\}$$ （7-16）

式中，$j = n_k^i/2$。

当 n_k^i 为奇数时，其公式为

$$\{x_k^i - h_k^j\}, \cdots, \{x_k^i - h_k^1\}, \{x_k^i\}, \{x_k^i + h_k^1\}, \cdots, \{x_k^i + h_k^j\}$$ （7-17）

式中，$j = (n_k^i - 1)/2$。

$$h_k^j = \lambda * \left[10 * (e^{-\frac{2*j-1}{N}} - 0.9) \right]$$ （7-18）

其中，λ 用来调整新粒子的分散程度，本研究中取 $\lambda = 0.01$。

新粒子权重通过利用式（7-9）进行更新，其中新粒子的历史信息用母粒子的历史信息替代。采用新粒子及其更新权重的归一化来估计状态变量的最优估计值。残差粒子滤波重采样的具体方法参考文献（Zhang et al.，2013）。

为了便于介绍 LAI 等参数在竹林碳循环模拟中的综合应用，我们将 MODIS LAI 时空同化总体技术路线置于第 8 章图 8.1。

7.2.5 精度评价指标

本研究利用同化 LAI 与实测 LAI 之间的可决系数（R^2）、均方根误差（root mean square error，RMSE）和绝对偏差（absolute bias，aBIAS），对研究结果进行精度评价。

$$RMSE = \sqrt{\frac{1}{N} \sum_{i=1}^{N} |y_m - y_o|_i^2}$$ （7-19）

$$aBIAS = \frac{1}{N} \sum_{i=1}^{N} |y_m - y_o|_i$$ （7-20）

式中，y_m 表示模型值；y_o 表示实测值。

7.3 竹林遥感信息提取结果评价

2012 年和 2014 年研究区竹林像元丰度图分别如图 7.3（a）和（b）所示。由图 7.3 可知，浙江省竹林资源主要分布于其西北部的安吉县、杭州市临安区和富阳区，西南部的衢州市和金华市，南部的龙泉市，中部的诸暨市和东部的宁波、余姚等县市附近。在省域尺度上，基于 MODIS 数据产品提取的 2012 年浙江省竹林总面积为 107.31 万公顷，与二类调查竹林面积 86.43 万公顷相比，省域尺度上的竹林面积高估了 20.88 万公顷，总精度为 80.54%；基于 MODIS 数据产品提取的 2014 年浙江省竹林总面积为 111.18 万公顷，与二类调查竹林面积 90.06 万公顷相比，省域尺度上的竹林面积高估了 21.12 万公顷，总精度为 81.00%。

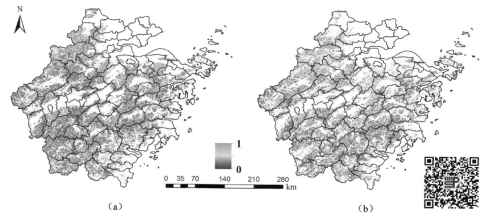

图 7.3　2012 年和 2014 年研究区竹林像元丰度图

2012 年浙江省 20 个县市的遥感估算面积与实际面积之间的决定系数 R^2 达到了 0.8089［图 7.4（a）］，RMSE 为 7016 公顷，aBIAS 为 5605 公顷，在 20 个县市中杭州市临安区面积高估了 30.77%，嵊州市高估了 40.22%，泰顺县低估了 34.44%，缙云县高估了 74.42%，东阳市和开化县高估超过实际面积的 200%。2014 年浙江省 22 个县市的遥感估算面积与实际面积之间的决定系数 R^2 达到了 0.8102［（图 7.4（b）］，RMSE 为 7727 公顷，aBIAS 为 5242 公顷，在 22 个县市中杭州市临安区面积高估了 39.75%，遂昌县高估了 85.98%，缙云县高估了 99.95%，东阳市和开化县高估超过实际面积的 200%。总体而言，大部分县市竹林面积信息提取精度较高。另外，2012 年 20 个县市的实际竹林面积总和为 437 421 公顷，遥感估算竹林面积为 479 944.16 公顷，面积估算精度达到了 91.14%；2014 年 22 个县市的实际竹林面积总和为 493 287 公顷，遥感估算竹林面积为 546 490.36 公顷，面积估算精度达到了 90.26%。因此，遥感估算竹林总面积具有较好的估算精度，为研究区竹林生态系统时空动态碳循环研究提供了可靠的基础数据。

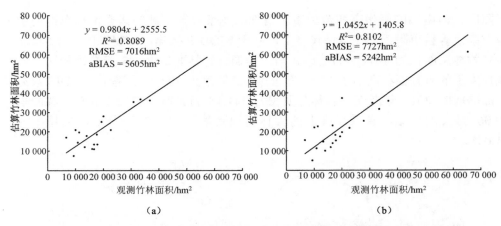

图 7.4 2012 年和 2014 年遥感估算面积与实际面积的相关关系

7.4 通量站点竹林 LAI 时间序列同化结果及评价

本研究利用 Dual EnKF 和 PF 分别同化 2014～2015 年竹林 LAI, 竹林 2014～2015 年 MODIS LAI 时间序列同化结果及比较如图 7.5 所示。竹林实测 LAI 用 Field_LAI 表示,MODIS LAI 产品用 MODIS_LAI 表示,LACC 平滑 MODIS LAI 用 LACC_LAI 表示,Daul EnKF 同化 LAI 用 DEnKF_LAI 表示,粒子滤波同化 LAI 用 PF_LAI 表示(下同)。

由图 7.5 可知,在 MBF 和 LBF 站点,2014～2015 年竹林 MODIS_LAI 波动幅度都较大(0～7),而且波动较为强烈。例如,在 MBF 站点 2014 年第 137 天至第 273 天[图 7.5(a)]和在 LBF 站点第 89 天至第 273 天[图 7.5(b)]出现较大的波动,且低值出现的频率高,很难真实地反映竹林 LAI 变化信息。LACC_LAI 相对 MODIS_LAI 较为平滑,波动幅度显著降低,但它依赖于 MODIS_LAI 在时间序列上的变化趋势,并在长时间序列上出现了骤然上升和骤然下降。与 MODIS_LAI 相比,LACC_LAI 在时间序列上波动幅度显著降低,但与 Field_LAI 相比相差仍然较大。Dual EnKF 和 PF 同化方法通过 MODIS 反射率对 LAI 曲线进行校正,同化的 LAI 在时间序列上较为连续平稳。比较 DEnKF_LAI 和 PF_LAI 的轮廓线,PF 反演的 LAI 曲线较为平稳,且与 Field_LAI 几乎一致。Dual EnKF 反演的 LAI 在 MBF 站点 2015 年第 65 天至第 81 天[图 7.5(c)]出现波动,且与 Field_LAI 相差较大。与 Field_LAI 相比,DEnKF_LAI 和 PF_LAI 比 LACC_LAI 更接近实测 LAI 值,趋势较为一致,且整体上波动范围较小,均能在一定程度上反映竹林长时间序列上 LAI 的实际情况。因此,数据同化技术能够大大改善 MODIS_LAI 在竹林生长季节的不确定性。

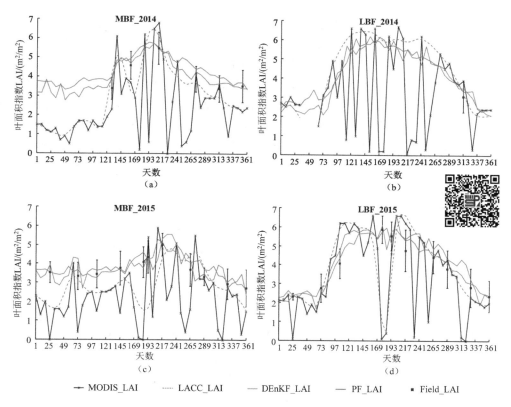

图 7.5　竹林 2014～2015 年 MODIS LAI 时间序列同化结果及比较

　　在 MBF 站点 [图 7.6(a)] 和 LBF 站点 [图 7.6(b)]，MODIS_LAI 与 Field_LAI 之间的相关系数较小，耐均方根误差 RMSE 和绝对偏差 aBIAS 最大（表 7.1），说

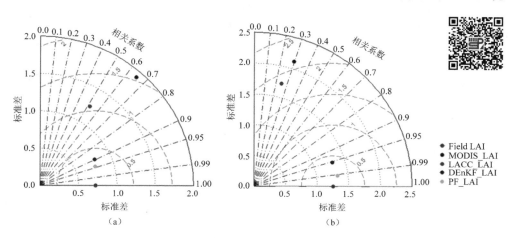

图 7.6　竹林同化结果与 Field_LAI 对比

明竹林 MODIS_LAI 存在较大的误差，产品较为离散，很难反映竹林 LAI 长时间序列变化信息。DEnKF_LAI 和 PF_LAI 与 Field_LAI 均有较高的相关系数和较低的误差，说明同化后得到的 LAI 更符合竹林的实际情况。因此，经同化后的 LAI 在长时间序列上尤其是在竹林生长季节与 Field_LAI 高度吻合，极大地降低了 MODIS LAI 产品的不确定性。由表 7.1 可知，在 MBF 和 LBF 站点，粒子滤波同化 LAI 的误差与双集合卡尔曼滤波相比，RMSE 分别降低了 33.3%和 33.3%，aBIAS 分别降低了 34.3%和 36.1%。因此，在 MBF 和 LBF 站点，采用粒子滤波同化算法同化 LAI 效果较好。

表 7.1   2014～2015 年不同算法的 LAI 与 Field_LAI 比较的统计结果

站点	MBF		LBF	
	RMSE	aBIAS	RMSE	aBIAS
MODIS_LAI	1.87	1.46	2.07	1.36
LACC_LAI	1.23	1.00	1.81	1.16
DEnKF_LAI	0.42	0.35	0.42	0.36
PF_LAI	0.28	0.23	0.28	0.23

7.5   浙江省区域尺度 LAI 同化结果

为了将站点尺度的 LAI 同化结果扩展到区域尺度，本研究运用同化精度最高且误差最低的粒子滤波算法对整个浙江省区域含有竹林的像元进行同化，浙江省区域尺度粒子滤波同化 LAI 结果如图 7.7 所示。图 7.7 为 2011～2015 年各个季节同化 LAI 的均值。从整体上看，粒子滤波同化的 LAI 符合竹林时空分布规律。春季为第 65 天至第 145 天的均值，统计 LAI 值基本为 2.49～4.22；夏季为第 153 天至第 241 天的均值，同化结果在四季中整体上最高；秋季为第 249 天至第 329 天的均值，LAI 值范围与春季的统计结果基本一致；冬季为第 337 天至第 361 天和第二年第 1 天至第 57 天的均值，统计 LAI 值基本在 1.64～3.41，在四季中整体上 LAI 值最低。由图 7.5 可知，2014 年的春季、秋季和冬季的 LAI 同化结果空间变化与 2015 年同期较为一致，而 2015 年夏季统计 LAI 值与 2014 年同期相比较大，尤其是在浙江省东北部较为明显。

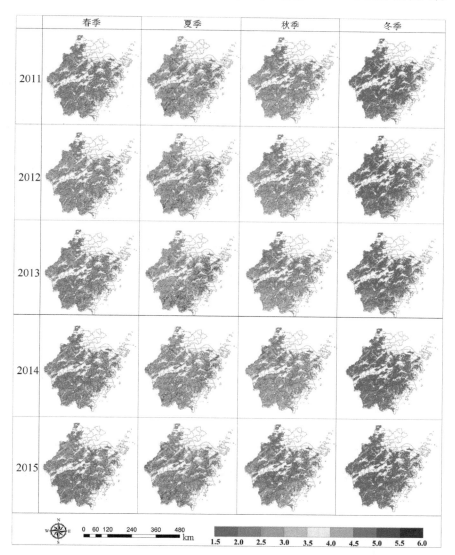

图 7.7 浙江省区域尺度粒子滤波同化 LAI 结果

7.6 讨 论

竹林丰度信息提取是通过提取竹林端元的反射率，然后采用混合像元分解方法计算得分。浙江省部分地区在分辨率 1000m 的像元内，竹林与其他森林类型混合现象较为严重，有可能将其他树种分成竹林，从而导致计算的竹林丰度偏高。随着县市竹林面积的递减，竹林面积信息提取误差越大。2012 年和 2014 年竹林面积信息提取相对误差绝对值与观测面积的相关关系分别如图 7.8（a）和（b）所示，当县域的竹林面积超过 10 000 公顷时，竹林面积相对误差的绝对值低于 0.5，说明当竹林面积越少时，对于空间分辨率为 1000m 的 MODIS 产品，像元内的混合像元就越多，而且竹林的反射率与阔叶林的反射率比较接近（Li et al.，1985；徐小军，2009），将会导致通过竹林端元直接从林地像元中提取竹林反射率，影响混合像元分解对竹林丰度的计算。因此，混合像元分解提取的竹林面积信息会存在一定的误差，如 2012 年和 2014 年竹林面积低于 10 000 公顷的开化县分别高估了 156%和 133%。总体而言，2012 年和 2014 年大部分县市竹林面积信息提取精度较高，遥感估算精度和实际面积的决定系数 R^2 均大于 0.8，竹林信息提取结果均能够满足在省域尺度下的精度要求，为大尺度北亚热带地区竹林生态系统时空动态碳循环研究提供基础数据。

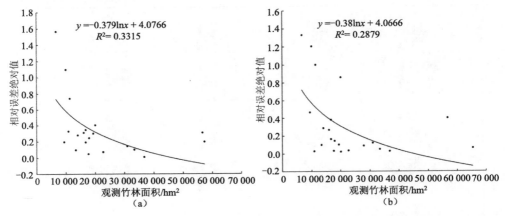

图 7.8　2012 年和 2014 年竹林面积信息提取相对误差绝对值与观测面积的相关关系

PROSAIL 辐射传输模型参数的获取是通过多次迭代使实测反射率和 PROSAIL 模型模拟的反射率误差达到最小。在数据同化过程中，PROSAIL 模型设置了较为敏感的 LAI、叶绿素含量的范围，而忽略了其他参数，从而影响 PROSAIL 模型对竹林冠层反射率的模拟。LAI 动态模型的参数只是通过站点上观测的 LAI 进行迭代得到，对于大区域范围动态模型参数的适用性有待进一步研究。

MODIS 反射率与模拟的冠层反射率之间存在差异。本研究通过对比模拟的冠层反射率和 MODIS 反射率之间的差异，并利用数据同化算法不断更新 LAI，使模拟 LAI 向实测值靠近，但它们之间有一个阈值，只有在阈值范围内才能获得较好的同化结果。MODIS 反射率和 PROSAIL 模型模拟反射率之间的对比见表 7.2，该表给出了误差较大时间段红光波段、近红外波段的 MODIS 反射率和 PROSAIL 模型模拟冠层反射率。由表 7.2 可知，在近红外波段，模拟冠层反射率高出 MODIS 反射率 27%以上，而红光波段 MODIS 反射率与模拟冠层反射率相差超过 39%。因此，PROSAIL 模型模拟的反射率与 MODIS 在近红外波段和红光波段反射率之间具有较大的差异，可能是导致 LAI 同化结果差的原因，Yang 等（2006）在其相关研究中也指出，模拟反射率和 MODIS 反射率之间匹配误差是 LAI 反演不精确的一个原因。

表 7.2　MODIS 反射率和 PROSAIL 模型模拟反射率之间的对比

森林类型	年份	天数	MODIS Red	MODIS NIR	PROSAIL Red	PROSAIL NIR
MBF	2014	129	0.0162	0.2228	0.0226	0.3408
	2015	73	0.0278	0.2655	0.0227	0.3390
LBF	2015	65	0.0510	0.1617	0.0245	0.3228
	2015	345	0.0480	0.1919	0.0247	0.3214

另外，双集合卡尔曼滤波和粒子滤波两种同化算法同化长时间序列竹林 LAI 具有差异性。DEnKF 同化竹林 LAI 的轮廓线波动较大，而粒子滤波同化的 LAI 相对较为稳定，这是由于 DEnKF 算法是一种等权重的粒子滤波，事实上，在同化过程中，粒子的权重是不等的，这导致进行同化过程中 LAI 出现较大的波动，而粒子滤波通过后验概率密度计算粒子的权重值，使同化的 LAI 结果在长时间序列上相对平稳。

双集合卡尔曼滤波和粒子滤波易受集合或粒子大小的影响（Jiang et al.，2014；Rasmussen et al.，2015），因此通过调整集合或粒子大小来评价其对 LAI 同化系统的影响。集合或粒子大小对双集合卡尔曼滤波和粒子滤波的影响如图 7.9 所示。当集合数目较小时，LAI 的 RMSE 和 R^2 随着集合数目的增大迅速收敛；当集合数目到达 200 时，LAI 的 RMSE 和 R^2 基本稳定 [图 7.9（a）]。当粒子数目较小时，LAI 的 RMSE 和 R^2 随着集合数目的增大逐渐收敛；当粒子数目到达 80 时，LAI 的 RMSE 和 R^2 基本稳定 [图 7.9（b）]。增加集合或粒子数目虽然可以在一定程度上减少 LAI 同化的 RMSE 和提高 R^2，但是集合或粒子数目过大会在实际应用中影响计算效率。因此，为了尽可能地使参数无差异性，本研究选择集合和粒子大小均为 200 进行数据同化，比较双集合卡尔曼滤波和粒子滤波的优越性。

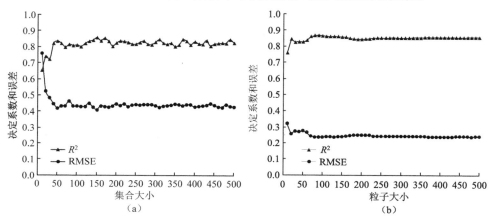

图 7.9　集合或粒子大小对双集合卡尔曼滤波和粒子滤波的影响

7.7 小　结

本研究基于多源遥感数据的浙江省竹林专题信息提取精度高，为竹林 LAI 同化和竹林生态系统碳通量模拟提供了重要的基础数据。2012 年浙江省竹林遥感估算面积与实际面积之间的可决系数 R^2 达到了 0.8089，RMSE 为 7016 公顷，aBIAS 为 5605 公顷；2014 年浙江省竹林遥感估算面积与实际面积之间的决定系数 R^2 达到了 0.8102，RMSE 为 7727 公顷，aBIAS 为 5242.4 公顷。

基于实测反射率对 PROSAIL 模型进行参数优化，利用粒子滤波和双集合卡尔曼滤波分别对竹林两个通量站点 2011～2015 年时间序列 LAI 进行同化，并对两种同化方法进行比较，选取较好的同化方法对区域尺度的竹林 LAI 进行同化。优化后的 PROSAIL 模型能够高精度地模拟竹林冠层反射率。由 PROSPECT5 模型模拟得到的竹林叶片反射率与实测反射率之间的 R^2 均大于 0.99，RMSE 为 2.7%～3.2%，说明模型得到了非常好的优化，能够进一步用 4SAIL 模型模拟竹林的冠层反射率。4SAIL 模型模拟得到的竹林冠层反射率与实测反射率之间的决定系数 R^2 均大于 0.99，RMSE 为 1.9%～2.5%。因此，冠层反射率模拟结果可以结合 LAI 动态模型对 LAI 进行数据同化运算。

双集合卡尔曼滤波和粒子滤波两种同化方法均能大幅提高 MODIS LAI 产品的精度，但粒子滤波方法同化得到的 LAI 产品精度更高。同化前，MODIS LAI 产品与实测 LAI 的 R^2 均小于 0.25，且 RMSE 和 aBAIS 均大于 1.00，而同化后得到的 LAI 产品与实测 LAI 的 R^2 均大于 0.85，且 RMSE 和 aBAIS 均小于 0.42；粒子滤波方法同化得到的 LAI 与实测 LAI 的 R^2 比双集合卡尔曼滤波提高了 9.2%，RMSE 降低了 33.3%，aBIAS 降低了 36.1%。因此，选择粒子滤波算法对浙江省区域竹林进行 LAI 同化，其同化结果符合竹林时空分布规律，夏季 LAI 最大，秋季次之，冬季最低。

参 考 文 献

毕海芸，马建文，秦思娴，等，2014. 基于残差重采样粒子滤波的土壤水分估算和水力参数同步优化[J]. 中国科学：地球科学，44(5): 1002-1016.

谷成燕，杜华强，周国模，等，2013. 基于 PROSAIL 辐射传输模型的毛竹林叶面积指数遥感反演[J]. 应用生态学报，24(8): 2248-2256.

黄玫，季劲钧，曹明奎，等，2006. 中国区域植被地上与地下生物量模拟[J]. 生态学报，26(12): 4156-4163.

李喜佳，肖志强，王锦地，等，2014. 双集合卡尔曼滤波估算时间序列 LAI[J]. 遥感学报，18(1): 27-44.

李新，摆玉龙，2010. 顺序数据同化的 Bayes 滤波框架[J]. 地球科学进展，5(5): 515-522.

马建文，秦思娴，2012. 数据同化算法研究现状综述[J]. 地球科学进展，27(7): 747-757.

孙少波，杜华强，李平衡，等，2016. 基于小波变换的毛竹叶片净光合速率高光谱遥感反演[J]. 应用生态学报，27(1): 49-58.

解毅，王鹏新，刘峻明，等，2015. 基于四维变分和集合卡尔曼滤波同化方法的冬小麦单产估测[J]. 农业工程学报，

31(1): 187-195.

徐小军，2009. 基于 LANDSAT TM 影像毛竹林地上部分碳储量估算研究[D]. 杭州：浙江林学院.

CHEN J M, CIHLAR J, 1996. Retrieving leaf area index of boreal conifer forests using Landsat TM images[J]. Remote Sensing of Environment, 55(2): 153-162.

CHRISTIAN B, MARKUS R, ENRICO T, et al., 2010. Terrestrial gross carbon dioxide uptake: global distribution and covariation with climate[J]. Science, 329(5993) : 834-838.

DICKINSON R E, TIAN Y H, LIU Q, et al., 2008. Dynamics of leaf area for climate and weather models[J]. Journal of Geophysical Research, 113(D16): 1-10.

DU H, MAO F, LI X, et al., 2018. Mapping global bamboo forest distribution using multisource remote sensing data[J]. IEEE Journal of Selected Topics in Applied Earth Observations and Remote Sensing: 1-14.

EVENSEN G, 1994. Sequential data assimilation with a nonlinear quasi-geostrophic model using Monte Carlo methods to forecast error statistics[J]. Journal of Geophysical Research: Oceans, 99(C5): 10143-10162.

EVENSEN G, 2003. The Ensemble Kalman Filter: the oretical formulation and practical implementation[J]. Ocean Dynamics, 53(4): 343-367.

FERET J B, FRANÇOIS C, ASNER G P, et al., 2008. PROSPECT-4 and 5: advances in the leaf optical properties model separating photosynthetic pigments[J]. Remote Sensing of Environment, 112(6): 3030-3043.

HAN N, DU H Q, ZHOU G M, et al., 2013.Spatiotemporal heterogeneity of moso bamboo aboveground carbon storage with Landsat Thematic Mapper images: a case study from Anji County, China[J]. International Journal of Remote Sensing, 34(14): 4917-4932.

HEINSCH F A, ZHAO M, RUNNING S W, et al., 2006. Evaluation of remote sensing based terrestrial productivity from MODIS using regional tower eddy flux network observations[J]. IEEE Transactions on Geoscience and Remote Sensing, 44(7): 1908-1925.

JACQUEMOUD S, BARET F, 1990. PROSPECT: a model of leaf optical properties spectra[J]. Remote Sensing of Environment, 34(2): 75-91.

JIANG Z, CHEN Z, CHEN J, et al., 2014. Application of crop model data assimilation with a particle filter for estimating regional winter wheat yields[J]. IEEE Journal of Selected Topics in Applied Earth Observations and Remote Sensing, 7(11): 4422-4431.

JONCKHEERE I, FLECK S, NACKAERTS K, et al., 2004. Review of methods for in situ leaf area index determination: Part I. Theories, sensors and hemispherical photography[J]. Agricultural and Forest Meteorology, 121(1-2): 19-35.

KONG A, LIU J S, WONG W H, 1994. Sequential imputations and bayesian missing data problems[J]. Journal of the American Statistical Association, 89(425): 278-288.

LI H, CHEN Z, WU W, et al., 2015a. Crop model data assimilation with particle filter for yield prediction using leaf area index of different temporal scales[J]. Fourth International Conference on Agro-Geoinformatics, 93(9): 4311-4315.

LI P H, ZHOU G M, DU H Q, et al., 2015b. Current and potential carbon stocks in moso bamboo forests in China[J]. Journal of Environmental Management, 156: 89-96.

LI X, DU H, MAO F, et al., 2018. Estimating bamboo forest aboveground biomass using EnKF-assimilated MODIS LAI spatiotemporal data and machine learning algorithms[J]. Agricultural and Forest Meteorology, 256-257: 445-457.

LI X, STRAHLER A H, 1985. Geometric-optical modeling of a conifer forest canopy[J]. IEEE Transactions on Geoscience and Remote Sensing, 23(5): 705-721.

LIU Y B, JU W M, CHEN J M, et al., 2012. Spatial and temporal variations of forest LAI in China during 2000—2010[J]. Chinese Science Bulletin, 57(22): 2846-2856.

LIU Z L, CHEN J M, JIN G Z, et al., 2015. Estimating seasonal variations of leaf area index using litterfall collection and optical methods in four mixed evergreen-deciduous forests[J]. Agricultural and Forest Meteorology, 209: 36-48.

LOU Y P, LI Y X, BUCKINGHAM K, et al., 2010. Bamboo and climate change mitigation[R]. Technical Report - International Network for Bamboo and Rattan (INBAR).

MA H, SONG J L, WANG J D, et al., 2014. Improvement of spatially continuous forest LAI retrieval by integration of discrete airborne LiDAR and remote sensing multi-angle optical data[J]. Agricultural and Forest Meteorology, 189-190: 60-70.

MAO F J, DU H Q, ZHOU G M, et al., 2017. Coupled LAI assimilation and BEPS model for analyzing the spatiotemporal pattern and heterogeneity of carbon fluxes of the bamboo forest in Zhejiang Province, China[J]. Agricultural and Forest Meteorology, 242: 96-108.

PLUMMER S E, 2000. Perspectives on combining ecological process models and remotely sensed data[J]. Ecological Modelling, 129(2-3): 169-186.

RASMUSSEN J, MADSEN H, JENSEN K H, et al., 2015. Data assimilation in integrated hydrological modeling using ensemble Kalman filtering: evaluating the effect of ensemble size and localization on filter performance[J]. Hydrology and Earth System Sciences Discussions, 12(2): 2267-2304.

SHANG Z, ZHOU G, DU H, et al., 2013. Moso bamboo forest extraction and aboveground carbon storage estimation based on multi-source remotely sensed images[J]. International Journal of Remote Sensing, 34(15): 5351-5368.

TAN Z H, ZHANG Y P, SCHAEFER D, et al., 2011. An old-growth subtropical Asian evergreen forest as a large carbon sink[J]. Atmospheric Environment, 45(8): 1548-1554.

VERHOEF W, BACH H, 2007. Coupled soil-leaf-canopy and atmosphere radiative transfer modeling to simulate hyperspectral multi-angular surface reflectance and TOA radiance data[J]. Remote Sensing of Environment, 109(2): 166-182.

VERHOEF W, 1984. Light scattering by leaf layers with application to canopy reflectance modeling: the SAIL model[J]. Remote Sensing of Environment, 16(2): 125-141.

XIAO Z Q, LIANG S L, WANG J D, et al., 2011. Real-time retrieval of leaf area index from MODIS time series data[J]. Remote Sensing of Environment, 115(1): 97-106.

YANG W, TAN B, HUANG D, et al., 2006. MODIS leaf area index products: from validation to algorithm improvement[J]. IEEE Transactions on Geoscience and Remote Sensing , 44(7): 1885-1898.

YEN T M, JI Y J, LEE J S, 2010. Estimating biomass production and carbon storage for a fast-growing makino bamboo (Phyllostachys makinoi) plant based on the diameter distribution model[J]. Forest Ecology & Management, 260(3): 339-344.

YEN T M, LEE J S, 2011. Comparing aboveground carbon sequestration between moso bamboo (*Phyllostachys heterocycla*) and China fir (*Cunninghamia lanceolata*) forests based on the allometric model[J]. Forest Ecology and Management, 261(6): 995-1002.

YEN T M, 2015. Comparing aboveground structure and aboveground carbon storage of an age series of moso bamboo forests subjected to different management strategies[J]. Journal of Forest Research, 20(1): 1-8.

ZHANG H, QIN S, MA J, et al., 2013. Using residual resampling and sensitivity analysis to improve particle filter data assimilation accuracy[J]. IEEE Geoscience and Remote Sensing Letters, 10(6): 1404-1408.

ZHANG T L, SUN R, PENG C H, et al., 2016. Integrating a model with remote sensing observations by a data assimilation approach to improve the model simulation accuracy of carbon flux and evapotranspiration at two flux sites[J]. Science China Earth Science, 75(2): 1-12.

ZHOU G M, MENG C F, JIANG P K, et al., 2011. Review of carbon fixation in bamboo forests in China[J]. The Botanical Review, 77(3): 262-270.

第8章　LAI同化在竹林碳循环模拟中的应用

8.1　引　　言

　　稳定性、重复测量的可靠性以及全球覆盖等特点是遥感技术在森林生态系统碳循环相关研究中具有的独特优势。将遥感数据融入生态系统碳循环模型，在很大程度上解决了从站点观测碳循环向大范围空间尺度转换的难题，是森林碳循环研究的重要突破（牛铮 等，2008；张佳华，2010；赵国帅 等，2011），并逐渐向以"地面观测-遥感技术-模型模拟"为主线的方向发展（Mu et al.，2007；Mu et al.，2011；Yuan et al.，2007；Xiao et al.，2008；Xiao et al.，2011；曹磊 等，2013），其中，生态系统模型对森林参数的需求与遥感能够提供相关参数的优势是实现两者协同模拟植被碳循环的关键环节。

　　如前面章节所述，LAI是森林碳循环模拟的重要参数。因LAI同化是PROSAIL辐射传输模型结合同化算法进行的，其他相关参数隐含在PRSOAIL模型中，因此本章将主要以LAI为例，利用第7章竹林MODIS LAI时空同化数据，驱动北

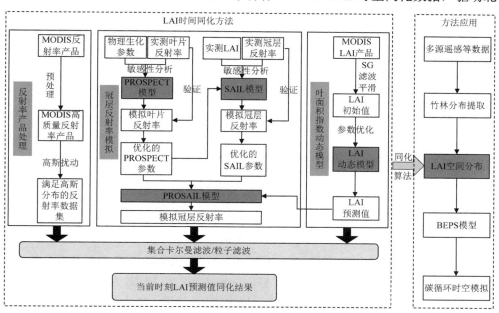

图 8.1　竹林 MODIS LAI 时空同化及其应用总体技术路线

部生态系统生产力模拟模型（boreal ecosystem productivity simulator，BEPS），模拟 2011～2014 年竹林生态系统碳循环。竹林 MODIS LAI 时空同化及其应用总体技术路线如图 8.1 所示。另外，我们还对比、分析同化 LAI 和未同化 LAI 对竹林碳循环模拟结果的影响，旨在说明 LAI 同化结果在碳循环模拟中的优势，也为森林参数遥感反演协同碳循环模型的大尺度森林生态系统碳循环模拟提供基础数据。

8.2　BEPS 模拟简介

BEPS 模型是在 FOREST-BGC（Running et al.，1988）模型基础上发展起来的遥感机理模型（Liu et al.，1997；Liu et al.，1999）。BEPS 模型主要由土壤水分平衡、气孔导度、光合作用、呼吸作用等 4 部分组成，后来 Chen 等对 BEPS 模型进行多次修正和完善（Liu et al.，1997；Chen et al.，1999；Liu et al.，1999；Liu et al.，2003；Chen et al.，2005），通过气孔导度的积分将模型叶片尺度的瞬时 Farquhar 光合作用模型（Farquhar et al.，1980）转换成日步长光合作用模型，根据光在冠层中传输的原理，将叶片分为阴阳叶（Norman，1982），从而实现了从叶片尺度瞬时光合作用模型到冠层尺度光合作用模型的时空间尺度的转换。该模型还引入丛聚指数，并且融合了先进的树冠传输模型来描述树冠的构造，从而解决了 FOREST-BGC 模型对 NPP 高估的问题。

BEPS 模型中碳循环的主要子模型如下。

（1）光合作用

BEPS 模型在光合作用子模块中，绿色植物叶片的光合速率是在光电子传输和羧化酶两个因子限制下，CO_2 积累速率和光下暗呼吸 CO_2 释放速率之差。叶片尺度 Farquhar 瞬时模型公式为

$$A = \min(W_c, W_j) - R_d \tag{8-1}$$

$$W_c = V_m \frac{C_i - \Gamma}{C_i + K} \tag{8-2}$$

$$K = K_c (1 + O_2 / K_o) \tag{8-3}$$

$$W_j = J \frac{C_i - \Gamma}{4.5C_i + 10.8\Gamma} \tag{8-4}$$

$$J = J_{\max} \text{PPFD} / (\text{PPFD} + 2.1 * J_{\max}) \tag{8-5}$$

$$J_{\max} = 29.1 + 1.64 * V_m \tag{8-6}$$

式中，A 为净光合作用速率；R_d 为光下暗呼吸呼吸速率；W_c 为受到暗反应中 Rubisco 酶总量和它的活性限制的同化速率（$\mu\text{mol} \cdot \text{m}^{-2} \cdot \text{s}^{-1}$）；$W_j$ 为在光照条件下，受电子输送速率影响的同化速率；C_i 为细胞间的 CO_2 浓度；Γ 为不包括暗呼吸的二氧化碳光补偿点；O_2 为氧气在标准状态下叶片内的气体分压，一般为 20.9kPa 或 0.21Pa；K_c、K_o 分别为 CO_2 羧化反应和氧化反应的 Michealis-Menten 常数（Pa），其

随温度变化而变化；J、J_{max} 分别为电子转移速率和最大电子传输速率；PPFD 为光量子通量密度；V_m 为在 25℃单位面积的叶面上 Rubisco 的最大催化能力（$\mu mol \cdot m^{-2} \cdot s^{-1}$）。

日步长的光合作用在保持 Farqhuar 模型中的生化参数不变的情况下，用来计算单片叶的日光合作用总量，最后通过计算阳生叶和阴生叶的光合作用并求和，得出冠层的日光合作用总量。日尺度计算公式为

$$A = (C_a - C_i)g \tag{8-7}$$

$$g \approx \frac{10^6 * g_s}{R_{gas}(T + 273)} \tag{8-8}$$

将式（8-7）导出 C_i，分别带入式（8-2）和式（8-4）中，得到式（8-9）和式（8-10）。

$$W_c = V_m \frac{C_a - \dfrac{A}{g} - \Gamma}{C_a - \dfrac{A}{g} + K} \tag{8-9}$$

$$W_j = J \frac{C_a - \dfrac{A}{g} - \Gamma}{4.5\left(C_a - \dfrac{A}{g}\right) + 10.8\Gamma} \tag{8-10}$$

联立式（8-1）、式（8-9）和式（8-10），并取两个二次方程式较小的根后，得到式（8-11）和式（8-12）。

$$A_c = \frac{1}{2}\Big\{(C_a + K)g + V_m - R_d$$
$$- \sqrt{[(C_a + K)g + V_m - R_d]^2 - 4[V_m(C_a - \Gamma - (C_a + K)R_d)g]}\Big\} \tag{8-11}$$

$$A_j = \frac{1}{2}\Big\{(C_a + 2.3\Gamma)g + 0.2J - R_d$$
$$- \sqrt{[(C_a + 2.3\Gamma)g + 0.2J - R_d]^2 - 4[0.2J(C_a - \Gamma) - (C_a + 2.3\Gamma)R_d]g}\Big\} \tag{8-12}$$

通过积分气孔导度 g，可以计算出每日平均净光合速率 A 为 A_c 和 A_j 的最小值，推导公式为

$$A = \frac{1.27}{2(g_n - g_{min})}\left[\frac{a^{1/2}}{2}(g_n^2 - g_{min}^2) + c^{1/2}(g_n - g_{min}^2) - \frac{2ag_n + b}{4a}d\right.$$
$$\left. + \frac{2ag_{min} + b}{4a}e^{1/2} + \frac{b^2 - 4ac}{8a^{3/2}}\ln\frac{2ag_n + b + 2a^{1/2}d}{2ag_{min} + b + 2a^{1/2}e}\right] \tag{8-13}$$

式（8-13）对于 A_c：

$$\begin{cases} a = (K + C_a)^2 \\ b = 2(2\Gamma + K - C_a)V_m + 2(C_a + K)R_d \\ c = (V_m - R_d)^2 \end{cases} \tag{8-14}$$

式（8-13）对于 A_j：

$$\begin{cases} a = (2.3\Gamma + C_a)^2 \\ b = 0.4(4.3\Gamma - C_a)J + 2(C_a + 2.3\Gamma)R_d \\ c = (0.2J - R_d)^2 \end{cases} \quad (8\text{-}15)$$

式（8-13）对于 A_c 和 A_j：

$$\begin{cases} d = (ag_n^2 + bg_n + c)^{1/2} \\ e = (ag_{\min}^2 + bg_{\min} + c)^{1/2} \end{cases} \quad (8\text{-}16)$$

式（8-13）的详细推导参考文献（Chen et al.，1999）。式中，C_a 为大气中 CO_2 浓度；g 为 CO_2 从叶边界外的大气通过一定路径进入细胞间的传导率，单位为 $Pa\ \mu mol \cdot m^{-2} \cdot s^{-1}$；$g_s$ 为气孔导度；R_{gas} 为摩尔气体常数，值为 $8.3143 m^3 \cdot Pa \cdot mol^{-1} \cdot K^{-1}$；$A_c$ 和 A_j 分别相当于 W_c 和 W_j 减去暗呼吸的量 R_d；g_n 为最大气孔导度；$g_{\min}$ 为最小气孔导度。

通过阳叶组和阴叶组的分离，总冠层光合作用（A_{canopy}）可以被计算为

$$A_{\text{canopy}} = A_{\text{sun}}\text{LAI}_{\text{sun}} + A_{\text{shade}}\text{LAI}_{\text{shade}} \quad (8\text{-}17)$$

$$\text{LAI}_{\text{sun}} = 2\cos\theta[1 - \exp(-0.5\Omega\text{LAI} / \cos\theta)] \quad (8\text{-}18)$$

$$\text{LAI}_{\text{shade}} = \text{LAI} - \text{LAI}_{\text{sun}} \quad (8\text{-}19)$$

式中，A_{canopy} 为冠层总光合作用速率；A_{sun} 和 A_{shade} 分别为阳生叶和阴生叶的光合作用速率；LAI_{sun} 和 $\text{LAI}_{\text{shade}}$ 分别为阳生叶和阴生叶的叶面积指数；θ 为太阳天顶角；Ω 为叶聚集度指数（无量纲）。

（2）呼吸作用

BEPS 模型将生态系统呼吸（TER）分为自养呼吸（R_a）和异养呼吸（R_h），自养呼吸（R_a）分为维持性呼吸（R_m）和生长性呼吸（R_g）（Chen et al.，1999）。

$$R_a = R_m + R_g = \sum_i (R_{m,i} + R_{g,i}) \quad (8\text{-}20)$$

式中，i 表示不同的植物器官，$i=1$、2、3 分别为叶、茎、根；$R_{m,i}$ 和 $R_{g,i}$ 分别为维持性呼吸速率和生长性呼吸速率，与维持性呼吸和温度相关。

$$R_{m,i} = M_i r_{m,i} Q_{10,i}^{(T-T_b)/10} \quad (8\text{-}21)$$

式中，M_i 为植物的第 i 器官的碳含量；$r_{m,i}$ 为植物器官 i 的维持性呼吸系数；$Q_{10,i}$ 为温度影响因子，植物的器官不同其值也不同；T_b 为基温。

一般认为植物的生长性呼吸和温度无关，而只与 GPP 成比例关系。

$$R_{g,j} = r_{g,i} r_{a,i} \text{GPP} \quad (8\text{-}22)$$

式中，$r_{g,i}$ 为植物器官 i 的生长性呼吸系数，即叶、茎和根的生长性呼吸系数；$r_{a,i}$ 为生物量在器官 i（叶、茎或根）之间的分配因子。

根据 Bonan 的研究，生长呼吸占 GPP 的 25%，因此得到式（8-23）（Bonan，1995）。

$$R_g = 0.25GPP \qquad (8-23)$$

因此，净生态系统碳交换量（NEE）的计算公式为

$$NEE = GPP - TER \qquad (8-24)$$

该模型最初利用 MODIS 遥感数据估算加拿大北方森林生态系统的生产力，随后 BEPS 模型在东亚地区和中国部分森林地区得到广泛应用，张方敏等（2010）、王培娟等（2006，2009）、Xu 等（2007）、Feng 等（2007）、Wang 等（2011）运用 BEPS 模型对森林生态系统生产力进行模拟，但尚未有对竹林生态系统碳通量的模拟。由于毛竹林的光合作用能力与 C_3 树木相似（黄启民 等，1989），雷竹光合作用能力略小于毛竹（吴志庄 等，2013；刘玉莉 等，2014），因此采用 Feng 等（2007）的常绿阔叶林参数对两种竹林进行碳循环模拟。

8.3　基于叶面积指数同化的碳通量模拟结果分析

8.3.1　通量站点碳通量模拟结果分析

通过数据同化算法对 MODIS_LAI 进行改进，并利用同化后的 LAI 输入 BEPS 模型对竹林碳通量（GPP、NEE 和 TER）进行模拟。LACC_LAI、DEnKF_LAI 和 PF_LAI 分别驱动 BEPS 模型模拟竹林 2011～2014 年碳通量，并比较不同算法得到的 LAI 对碳通量模拟的结果，如图 8.2、图 8.4 和图 8.6 所示。竹林碳通量观测值用 Flux_GPP、Flux_NEE、Flux_TER 表示；LACC_LAI 模拟的碳通量用 LACC_GPP、LACC_NEE、LACC_TER 表示；DEnKF_LAI 模拟的碳通量用 DEnKF_GPP、DEnKF_NEE、DEnKF_TER 表示；PF_LAI 模拟的碳通量用 PF_GPP、PF_NEE、PF_TER 表示。

1. 竹林 LAI 同化对 GPP 模拟的影响

利用 LACC_LAI、DEnKF_LAI 和 PF_LAI 分别驱动 BEPS 模型模拟竹林 2011～2014 年 GPP，结果如图 8.2 所示。由图 8.2 可知，LACC_LAI 驱动模型的模拟 GPP 精度较低，其模拟的 GPP 在 MBF 站点春季和冬季存在明显低估，而利用 DEnKF_LAI 和 PF_LAI 模拟的 GPP 则有明显的改善。LACC_LAI、DEnKF_LAI 和 PF_LAI 这三种 LAI 产品模拟的碳通量在夏季也出现了不同程度的高估。

利用平滑 LACC_LAI 和同化后的 LAI 驱动 BEPS 模拟 GPP 与观测 GPP 相关性对比如图 8.3 所示。2011～2014 年利用平滑 LACC_LAI 和同化后的 LAI 通过 BEPS 模拟 GPP 与观测 GPP 比较的统计结果见表 8.1。由图 8.3 和表 8.1 可知，在 2011 年，利用 LACC_LAI 模拟 GPP 的 R^2 为 0.54，误差（RMSE 和 aBIAS）分别

为 1.42 和 1.16。与 LACC_LAI 模拟的 GPP 相比，利用 DEnKF_LAI 模拟 GPP 的精度 R^2 提高了 23.7%，误差分别降低了 22.6% 和 21.7%；利用 PF_LAI 模拟 GPP 的 R^2 提高了 27.3%，误差分别降低了 27.7% 和 27.5%。因此，通过数据同化技术对 LAI 进行同化，并利用同化结果驱动 BEPS 模型模拟 GPP 得到很大的改进，精度（R^2）得到提升，误差大幅度降低。其中，在双集合卡尔曼滤波和粒子滤波两种滤波中，利用粒子滤波算法对 BEPS 模型模拟 GPP 的相关性最高，R^2 为 0.688，误差降幅最大，RMSE 和 aBIAS 分别为 1.03 和 0.84。

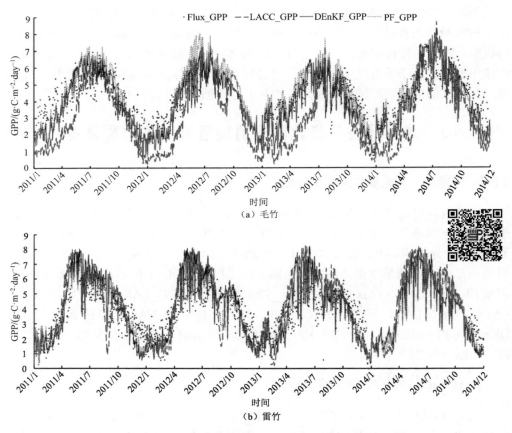

图 8.2　基于不同 LAI 模拟的竹林 GPP 结果的比较

在 2012 年，利用 LACC_LAI 模拟 GPP 的 R^2 为 0.61，误差（RMSE 和 aBIAS）分别为 1.53 和 1.30。与 LACC_LAI 模拟的 GPP 相比，利用 DEnKF_LAI 模拟 GPP 的精度 R^2 提高了 17.9%，误差分别降低了 22.1% 和 25.6%；利用 PF_LAI 模拟 GPP 的 R^2 提高了 11.0%，误差分别降低了 21.8% 和 25.6%。因此，通过数据同化技术对 LAI 进行同化，并利用同化结果驱动 BEPS 模型模拟 GPP 得到很大的改进，精度（R^2）得到很大提升，误差大幅度降低。其中，在双集合卡尔曼滤波和粒子滤

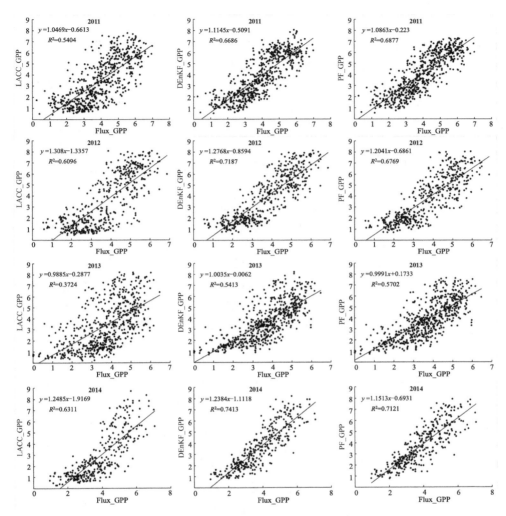

图 8.3　利用平滑 LACC_LAI 和同化后的 LAI 驱动 BEPS 模拟 GPP 与观测 GPP 相关性对比

表 8.1　2011~2014 年利用平滑 LACC_LAI 和同化后的 LAI 通过 BEPS 模拟 GPP 与观测 GPP 比较的统计结果

年份	均方根误差（RMSE）/（g·C·m⁻²·day⁻¹）			绝对偏差 aBIAS/（g·C·m⁻²·day⁻¹）		
	LACC	DEnKF	PF	LACC	DEnKF	PF
2011	1.423	1.102	1.029	1.158	0.908	0.840
2012	1.534	1.194	1.199	1.303	0.970	0.969
2013	1.694	1.195	1.134	1.433	0.910	0.873
2014	1.613	1.033	0.993	1.411	0.825	0.794

波两种滤波中，利用双集合卡尔曼滤波算法对 BEPS 模型模拟 GPP 的 R^2 提高的幅

度最大，误差降低的幅度最大。

在 2013 年，利用 LACC_LAI 模拟 GPP 的 R^2 为 0.37，误差（RMSE 和 aBIAS）分别为 1.69 和 1.43。与 LACC_LAI 模拟的 GPP 相比，利用 DEnKF_LAI 模拟 GPP 的精度 R^2 提高了 45.4%，误差分别降低了 29.5% 和 36.5%；利用 PF_LAI 模拟 GPP 的 R^2 提高了 53.1%，误差分别降低了 33.0% 和 39.0%。因此，通过数据同化技术对 LAI 进行同化，并利用同化结果驱动 BEPS 模型模拟 GPP 得到很大的改进，精度（R^2）得到很大提升，误差大幅度降低。其中，在双集合卡尔曼滤波和粒子滤波两种滤波中，利用粒子滤波算法驱动 BEPS 模型模拟 GPP 的 R^2 提高的幅度最大，误差降低的幅度最大。

在 2014 年，利用 LACC_LAI 模拟 GPP 的 R^2 为 0.63，误差（RMSE 和 aBIAS）分别为 1.61 和 1.41。与 LACC_LAI 模拟的 GPP 相比，利用 DEnKF_LAI 模拟 GPP 的精度 R^2 提高了 17.5%，误差分别降低了 36.0% 和 41.5%；利用 PF_LAI 模拟 GPP 的 R^2 提高了 12.8%，误差分别降低了 38.5% 和 43.8%。因此，通过数据同化技术对 LAI 进行同化，并利用同化结果驱动 BEPS 模型模拟 GPP 得到很大的改进，精度（R^2）得到很大提升，误差大幅度降低。其中，在双集合卡尔曼滤波和粒子滤波两种滤波中，利用双集合卡尔曼滤波算法驱动 BEPS 模型模拟 GPP 的相关性最高，R^2 为 0.741，而利用粒子滤波算法驱动 BEPS 模型模拟 GPP 误差降低的幅度最大。

2. 竹林 LAI 同化对 NEE 模拟的影响

LACC_LAI、DEnKF_LAI 和 PF_LAI 分别驱动 BEPS 模型模拟竹林 2011～2014 年 NEE，结果如图 8.4 所示。由图 8.4 可知，LACC_LAI 驱动 BEPS 模型模拟的 NEE 在 MBF 站点的春季和冬季存在明显低估，而利用 DEnKF_LAI 和 PF_LAI 模拟的 NEE 则有明显的改善。与 LACC_LAI 驱动 BEPS 模型模拟的 NEE 相比，利用 DEnKF_LAI 和 PF_LAI 驱动 BEPS 模型模拟的 NEE 轮廓线与 Flux_NEE 较为接近。

利用平滑 LACC_LAI 和同化后的 LAI 驱动 BEPS 模拟 NEE 与观测 NEE 相关性对比如图 8.5 所示。2011～2014 年利用平滑 LACC_LAI 和同化后的 LAI 通过 BEPS 模拟 NEE 与观测 NEE 比较的统计结果见表 8.2。由图 8.5 和表 8.2 可知，在 2011 年，利用 LACC_LAI 模拟 NEE 的 R^2 为 0.32，误差（RMSE 和 aBIAS）分别为 1.22 和 1.00。与 LACC_LAI 模拟的 NEE 相比，利用 DEnKF_LAI 模拟 NEE 的精度 R^2 提高了 45.0%，误差分别降低了 19.4% 和 18.9%；利用 PF_LAI 模拟 NEE 的 R^2 提高了 50.2%，误差分别降低了 22.9% 和 22.8%。因此，通过数据同化技术对 LAI 进行同化，并利用同化结果驱动 BEPS 模型模拟 NEE 得到很大的改进，精度（R^2）得到提升，误差大幅度降低。与双集合卡尔曼滤波相比，利用 PF_LAI 模拟 NEE 的 R^2 提升了 3.59%，误差分别降低了 4.37% 和 4.80%。在双集合卡尔曼滤波和粒子滤波两种滤波中，利用粒子滤波算法对 BEPS 模型模拟 NEE 的 R^2 提高的幅度最大，误差降低的幅度最大。

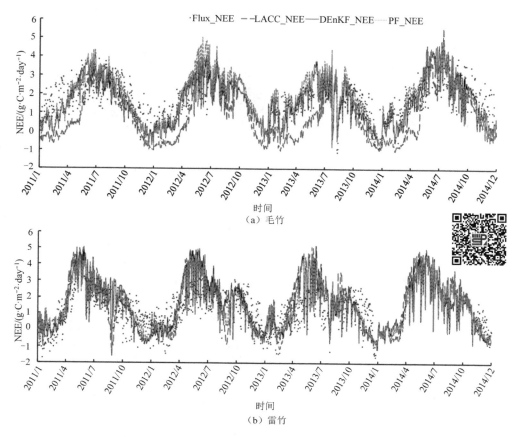

图 8.4　基于不同 LAI 模拟的竹林 NEE 结果的比较

在 2012 年，利用 LACC_LAI 模拟 NEE 的 R^2 为 0.39，误差（RMSE 和 aBIAS）分别为 1.32 和 1.11。与 LACC_LAI 模拟的 NEE 相比，利用 DEnKF_LAI 模拟 NEE 的精度 R^2 提高了 27.3%，误差分别降低了 17.7% 和 22.3%；利用 PF_LAI 模拟 NEE 的 R^2 提高了 17.5%，误差分别降低了 15.7% 和 20.0%。因此，通过数据同化技术对 LAI 进行同化，并利用同化结果驱动 BEPS 模型模拟 NEE 得到很大的改进，精度（R^2）得到很大提升，误差大幅度降低。其中，在双集合卡尔曼滤波和粒子滤波两种滤波中，利用双集合卡尔曼滤波算法驱动 BEPS 模型模拟 NEE 与观测的 NEE 较为接近。

在 2013 年，利用 LACC_LAI 模拟 NEE 的 R^2 为 0.20，误差（RMSE 和 aBIAS）分别为 1.38 和 1.15。与 LACC_LAI 模拟的 NEE 相比，利用 DEnKF_LAI 模拟 NEE 的精度 R^2 提高了 72.1%，误差分别降低了 22.8% 和 28.9%；利用 PF_LAI 模拟 NEE 的 R^2 提高了 84.4%，误差分别降低了 25.1% 和 30.4%。因此，通过数据同化技术对 LAI 进行同化，并利用同化结果驱动 BEPS 模型模拟 NEE 得到很大的改进，精度（R^2）得到很大提升，误差大幅度降低。其中，在双集合卡尔曼滤波和粒子滤波两种滤波中，利用粒子滤波算法驱动 BEPS 模型模拟 NEE 的 R^2 提高的幅度最大，误差降低的幅度最大。

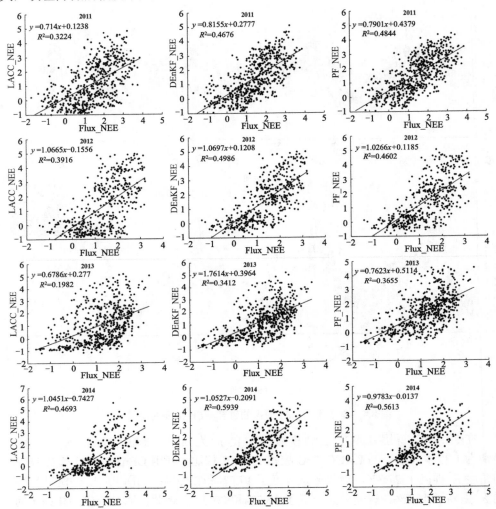

图 8.5　利用平滑 LACC_LAI 和同化后的 LAI 驱动 BEPS 模拟 NEE 与观测 NEE 相关性对比

表 8.2　2011~2014 年利用平滑 LACC_LAI 和同化后的 LAI 通过 BEPS 模拟 NEE
与观测 NEE 比较的统计结果

年份	均方根误差（RMSE）/（g·C·m⁻²·day⁻¹）			绝对偏差（aBIAS）/（g·C·m⁻²·day⁻¹）		
	LACC	DEnKF	PF	LACC	DEnKF	PF
2011	1.222	0.984	0.941	1.002	0.813	0.774
2012	1.321	1.087	1.113	1.107	0.860	0.885
2013	1.384	1.069	1.036	1.147	0.816	0.798
2014	1.313	0.893	0.878	1.123	0.705	0.689

在 2014 年，利用 LACC_LAI 模拟 NEE 的 R^2 为 0.47，误差（RMSE 和 aBIAS）

分别为 1.31 和 1.12。与 LACC_LAI 模拟的 NEE 相比，利用 DEnKF_LAI 模拟 NEE 的精度 R^2 提高了 26.6%，误差分别降低了 32.0% 和 37.2%；利用 PF_LAI 模拟 NEE 的 R^2 提高了 19.6%，误差分别降低了 33.1% 和 38.6%。因此，通过数据同化技术对 LAI 进行同化，并利用同化结果驱动 BEPS 模型模拟 NEE 得到很大的改进，精度（R^2）得到很大提升，误差大幅度降低。其中，利用双集合卡尔曼滤波算法驱动 BEPS 模型模拟 NEE 比利用粒子滤波同化的 LAI 模拟的 NEE 相关关系进一步提高，R^2 提高了 5.81%；利用粒子滤波算法驱动 BEPS 模型模拟 NEE 与利用双集合卡尔曼滤波算法驱动 BEPS 模型模拟 NEE 相比，误差微小降低。

3. 竹林 LAI 同化对 TER 模拟的影响

LACC_LAI、DEnKF_LAI 和 PF_LAI 分别驱动 BEPS 模型模拟竹林 2011～2014 年 TER，结果如图 8.6 所示。由图 8.6 可知，LACC_LAI 驱动 BEPS 模型模拟 TER 在 MBF 站点的春季和冬季存在明显低估，而利用数据同化算法模拟的 TER 则有明显的改善。与观测的 TER 相比，利用 DEnKF_LAI 和 PF_LAI 驱动 BEPS 模型模拟的 TER 轮廓线比利用 LACC_LAI 模拟的 TER 轮廓线更加接近观测值。

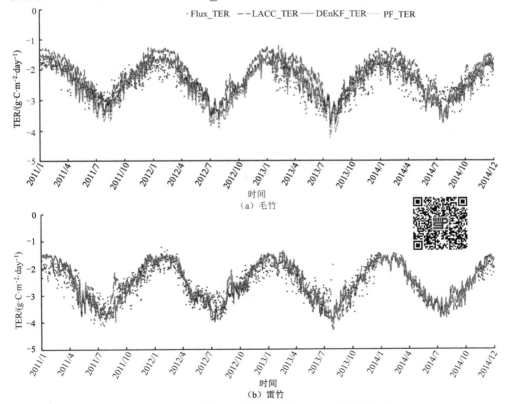

图 8.6　基于不同 LAI 模拟的竹林 TER 结果的比较

利用平滑 LACC_LAI 和同化后的 LAI 驱动 BEPS 模拟 TER 与观测 TER 相关性对比如图 8.7 所示。2011～2014 年利用平滑 LACC_LAI 和同化后的 LAI 通过 BEPS 模拟 TER 与观测 TER 比较的统计结果见表 8.3。由图 8.7 和表 8.3 可知，在 2011 年，利用 LACC_LAI 模拟 TER 的 R^2 为 0.72，误差（RMSE 和 aBIAS）分别为 0.41 和 0.34。与 LACC_LAI 模拟的 TER 相比，利用 DEnKF_LAI 模拟 TER 的精度 R^2 降低了 1.52%，误差分别降低了 10.2%和 13.0%；利用 PF_LAI 模拟 TER 的 R^2 降低了 2.95%，误差分别降低了 10.8%和 13.8%。因此，通过数据同化技术对 LAI 进行同化，并利用同化结果驱动 BEPS 模型模拟 TER 的精度（R^2）微小降低，

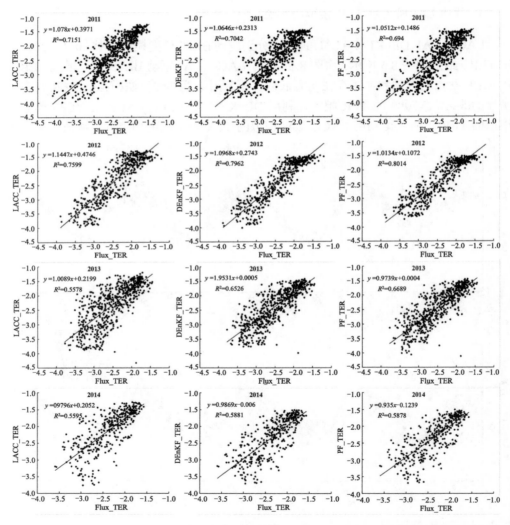

图 8.7　利用平滑 LACC_LAI 和同化后的 LAI 驱动 BEPS 模拟 TER 与观测 TER 相关性对比

误差大幅度降低。在双集合卡尔曼滤波和粒子滤波两种滤波中，这两种算法对 BEPS 模型模拟 TER 误差基本一致，但精度（R^2）与利用 LACC_LAI 模拟的 TER 相比有微小的降低。

表 8.3　2011~2014 年利用平滑 LACC_LAI 和同化后的 LAI 通过 BEPS 模拟 TER
与观测 TER 比较的统计结果

年份	均方根误差（RMSE）/（g·C·m^{-2}·day^{-1}）			绝对偏差（aBIAS）/（g·C·m^{-2}·day^{-1}）		
	LACC	DEnKF	PF	LACC	DEnKF	PF
2011	0.414	0.372	0.369	0.343	0.299	0.296
2012	0.399	0.326	0.299	0.327	0.260	0.244
2013	0.514	0.386	0.368	0.414	0.300	0.282
2014	0.467	0.374	0.356	0.391	0.294	0.277

在 2012 年，利用 LACC_LAI 模拟 TER 的 R^2 为 0.76，误差（RMSE 和 aBIAS）分别为 0.40 和 0.33。与 LACC_LAI 模拟的 TER 相比，利用 DEnKF_LAI 模拟 TER 的精度 R^2 提高了 4.78%，误差分别降低了 18.2%和 20.5%；利用 PF_LAI 模拟 TER 的 R^2 提高了 5.46%，误差分别降低了 24.9%和 25.3%。因此，通过数据同化技术对 LAI 进行同化，并利用同化结果驱动 BEPS 模型模拟 TER 得到很大的改进，精度（R^2）得到很大提升，误差大幅度降低。在双集合卡尔曼滤波和粒子滤波两种滤波中，利用粒子滤波算法对 BEPS 模型模拟 TER 的 R^2 提高的幅度最大，误差降低的幅度最大，与观测的 TER 较为接近。

在 2013 年，利用 LACC_LAI 模拟 TER 的 R^2 为 0.56，误差（RMSE 和 aBIAS）分别为 0.51 和 0.41。与 LACC_LAI 模拟的 TER 相比，利用 DEnKF_LAI 模拟 TER 的精度 R^2 提高了 17.0%，误差分别降低了 24.8%和 27.6%；利用 PF_LAI 模拟 TER 的 R^2 提高了 19.9%，误差分别降低了 28.4%和 31.9%。因此，通过数据同化技术对 LAI 进行同化，并利用同化结果驱动 BEPS 模型模拟 TER 得到很大的改进，精度（R^2）得到很大提升，误差大幅度降低。其中，在双集合卡尔曼滤波和粒子滤波两种滤波中，利用粒子滤波算法驱动 BEPS 模型模拟 TER 的 R^2 比利用双集合卡尔曼滤波得到进一步提高，R^2 提高了 2.50%，误差进一步降低，RMSE 和 aBIAS 分别降低了 1.60%和 5.78%。

在 2014 年，利用 LACC_LAI 模拟 TER 的 R^2 为 0.56，误差（RMSE 和 aBIAS）分别为 0.47 和 0.39。与 LACC_LAI 模拟的 TER 相比，利用 DEnKF_LAI 模拟 TER 的精度 R^2 提高了 5.11%，误差分别降低了 20.0%和 24.7%；利用 PF_LAI 模拟 TER 的 R^2 提高了 5.06%，误差分别降低了 23.8%和 29.2%。因此，通过数据同化技术对 LAI 进行同化，并利用同化结果驱动 BEPS 模型模拟 TER 得到很大的改进，精度（R^2）得到很大提升，误差大幅度降低。其中，在双集合卡尔曼滤波和粒子滤波两种滤波中，利用双集合卡尔曼滤波算法驱动 BEPS 模型模拟 TER 的 R^2 提高的幅度最大，而利用粒子滤波算法驱动 BEPS 模型模拟 TER 误差降低的幅度最大。

上述结果表明，利用 LACC_LAI、DEnKF_LAI 和 PF_LAI 分别驱动 BEPS 模型模拟 2011～2014 年碳通量（GPP、NEE 和 TER），虽然利用双集合卡尔曼滤波和粒子滤波在 2011 年模拟 TER 与利用 LACC_LAI 模拟 TER 的 R^2 有微小的下降，但误差（RMSE 和 aBIAS）大幅度降低（表 8.3）。因此，与利用 LACC_LAI 模拟的碳通量相比，数据同化技术对 BEPS 模型模拟碳通量的精度得到不同程度提高，误差也不同程度降低。因此，数据同化技术对 MODIS_LAI 进行同化，同化的结果对 BEPS 模型模拟碳通量有着较大的改进。

2011～2014 年利用平滑 LACC_LAI 和同化后的 LAI 通过 BEPS 模拟碳通量与观测碳通量比较的统计结果见表 8.4。总体来看，与利用 LACC_LAI 模拟碳通量相比，利用 DEnKF_LAI 模拟的 GPP、NEE 和 TER 的 R^2 分别提高了 28.5%、46.5% 和 5.74%，且 RMSE 和 aBIAS 分别降低了 27.1% 和 31.1%、22.1% 和 25.9%、18.8% 和 21.8%；而利用 PF_LAI 模拟的 GPP、NEE 和 TER 的 R^2 分别提高了 28.7%、45.9% 和 6.43%，且 RMSE 和 aBIAS 分别降低了 29.9% 和 33.8%、23.5% 和 27.1%、22.1% 和 25.1%。数据同化技术通过优化 BEPS 模型的关键参数 LAI，能够在不同程度上提高模型模拟碳通量的精度。因此，与未同化的 LAI 相比，用 DEnKF_LAI 和 PF_LAI 模拟竹林生态系统碳通量更加符合其年际和季节变化的趋势。

表 8.4　2011～2014 年利用平滑 LACC_LAI 和同化后的 LAI 通过 BEPS 模拟碳通量与观测碳通量比较的统计结果

碳通量	叶面积指数算法	可决系数 R^2/ $(\mathrm{g\cdot C\cdot m^{-2}\cdot day^{-1}})$	均方根误差 RMSE/ $(\mathrm{g\cdot C\cdot m^{-2}\cdot day^{-1}})$	绝对偏差 aBIAS/ $(\mathrm{g\cdot C\cdot m^{-2}\cdot day^{-1}})$
GPP	LACC	0.507	1.566	1.321
	DEnKF	0.652	1.142	0.910
	PF	0.653	1.097	0.874
NEE	LACC	0.308	1.310	1.092
	DEnkF	0.451	1.021	0.809
	PF	0.449	1.003	0.796
TER	LACC	0.655	0.452	0.371
	DEnKF	0.693	0.367	0.290
	PF	0.697	0.352	0.277

与利用 DEnKF_LAI 模拟碳通量相比，利用 PF_LAI 模拟 GPP 的 R^2 提高了 0.12%，且误差 RMSE 和 aBIAS 分别降低了 3.90% 和 3.93%；利用 PF_LAI 模拟 NEE 的 R^2 降低了 0.42%，且误差 RMSE 和 aBIAS 分别降低了 1.75% 和 1.59%；利用 PF_LAI 模拟 TER 的 R^2 提高了 0.65%，且误差 RMSE 和 aBIAS 分别降低了 4.03% 和 4.30%。虽然利用 PF_LAI 驱动 BEPS 模型模拟 NEE 的 R^2 有微小的下降，但误差（RMSE 和 aBIAS）大幅度降低。因此，整体而言，与 DEnKF_LAI 相比较，粒子滤波同化技术进一步提高了 MODIS LAI 产品的精度，得到了亚热带竹林可靠的 LAI 时间序列同化结果，利用粒子滤波同化的 LAI 驱动 BEPS 模型对竹林生态系统碳通量进行模拟，使模拟结果的误差进一步降低。

8.3.2　浙江省竹林碳通量模拟结果

粒子滤波算法对 MODIS LAI 进行同化得到了精度最高和误差最低的 LAI 同化结果，并且将同化的 LAI 驱动 BEPS 模型模拟碳通量也同样得到了误差最低的结果。因此，本研究运用同化精度最高和误差最低的粒子滤波算法对整个浙江省区域的竹林生态系统碳通量进行模拟。BEPS 模型模拟的碳通量与竹林像元丰度相乘，可以得到浙江省区域竹林的碳通量时空间分布图。例如，2011～2013 年模拟的碳通量乘以 2012 年的竹林丰度，2014 年模拟的碳通量乘以 2014 年的竹林丰度。

1. GPP 空间分布

2011～2014 年 BEPS 模型模拟的浙江省区域 GPP 的平均值，即 2011～2014 年平均总初级生产力空间分布如图 8.8 所示。由图 8.8 可知，2011 年 GPP 的平均取值范围为 0～1445.73 $g \cdot C \cdot m^{-2} \cdot a^{-1}$，2012 年 GPP 的平均取值范围为 0～1843.50 $g \cdot C \cdot m^{-2} \cdot a^{-1}$，

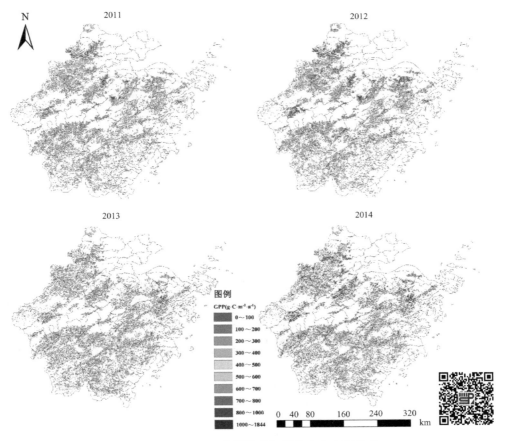

图 8.8　2011～2014 年平均总初级生产力空间分布

2013 年 GPP 的平均取值范围为 0~1367.99g·C·m^{-2}·a^{-1}，2014 年 GPP 的平均取值范围为 0~1506.78g·C·m^{-2}·a^{-1}。整体上呈现西北高东南低的趋势。

2. NEE 空间分布

2011~2014 年 BEPS 模型模拟的浙江省区域 NEE 的平均值，即 2011~2014 年平均净生态系统碳交换量空间分布如图 8.9 所示。由图 8.9 可知，2011 年 NEE 的平均取值范围为 0~700.96g·C·m^{-2}·a^{-1}，2012 年 NEE 的平均取值范围为 0~969.41g·C·m^{-2}·a^{-1}，2013 年 NEE 的平均取值范围为 0~687.36g·C·m^{-2}·a^{-1}，2014 年 NEE 的平均取值范围为 0~748.74g·C·m^{-2}·a^{-1}。整体上呈现西北高东南低的趋势。

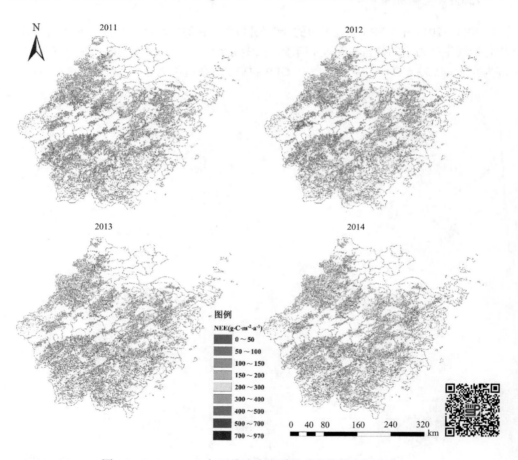

图 8.9　2011~2014 年平均净生态系统碳交换量空间分布

3. TER 空间分布

2011~2014 年 BEPS 模型模拟的浙江省区域 TER 的平均值，即 2011~2014

年平均总生态系统呼吸空间分布如图 8.10 所示。由图 8.10 可知，2011 年 TER 的平均取值范围为-752.17～0g·C·m^{-2}·a^{-1}，2012 年 TER 的平均取值范围为-874.09～0g·C·m^{-2}·a^{-1}，2013 年 TER 的平均取值范围为-741.15～0g·C·m^{-2}·a^{-1}，2014 年 TER 的平均取值范围为-805.20～0g·C·m^{-2}·a^{-1}。整体上呈现西北高东南低的趋势。

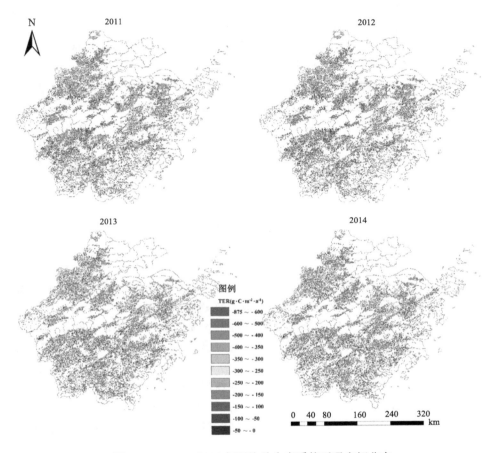

图 8.10　2011～2014 年平均总生态系统呼吸空间分布

8.4　讨　　论

亚热带森林生态系统在全球碳循环及碳汇功能中发挥着不可忽视的作用，挑战了过去普遍认定欧美温带森林是主要碳汇功能区的传统认识（方精云 等，2015）。竹林是森林生态系统的重要组成成分，对大气中的 CO_2 具有较强的固定能力（Zhou et al.，2011b），在全球碳循环中发挥着重要作用（Chen et al.，2009；Wang et al.，2010；Yen，2015）。LAI 是碳循环大尺度时空模拟研究不可或缺的参数，而竹林"爆发式生长"的特点对准确获取其信息提出了新要求。因此，获取高精度 LAI 时间序列对研究亚热带森林生态系统碳循环特征十分重要。本章利用双集合卡尔曼滤波和粒子滤波分别耦合 PROSAIL 模型和 LAI 动态模型同化2014～2015 年竹林的时间序列上 LAI，并采用 Field_LAI 对同化结果进行验证发现，DEnKF_LAI 和 PF_LAI 与 Field_LAI 之间的相关关系极为显著，且 RMSE 均较小，说明数据同化技术能够提高 MODIS LAI 产品的精度。

在得到高精度的 LAI 同化结果的条件下，BEPS 模型模拟的竹林碳通量得到了大幅度提高，但与观测值之间还存在一定的差异，这可能由于 BEPS 模型的常绿阔叶林参数对毛竹林的影响（卢伟 等，2016）。BEPS 模型参数在本研究中是否适用于毛竹林生态系统还需要进一步验证，模型参数随年际和季节的动态变化也会导致模拟值与实测值的差异，而模型本身对植被物理、生化和光合作用的简化也可能导致模拟值与实测值的差异。因此，如何动态地对 BEPS 模型参数进行优化，以及如何对模型进行改进以适合模拟竹林生态系统碳循环，这些是本研究未来研究的问题。

8.5 小　　结

基于粒子滤波同化竹林 LAI 产品驱动 BEPS 模型，能够实现竹林生态系统碳通量较高精度模拟，并利用此方法对 2011～2014 年浙江省区域的竹林生态系统碳通量进行模拟。粒子滤波同化 LAI 产品模拟的碳通量与未同化 LAI 结果相比，R^2提高幅度为 6.4%～45.8%，RMSE 降低幅度为 22.1%～29.9%，aBIAS 降低幅度为25.3%～33.8%；与双集合卡尔曼滤波同化 LAI 结果相比，R^2 相差不大，但 RMSE降低幅度为 1.75%～4.03%，aBIAS 降低幅度为 1.59%～4.30%。因此，利用粒子滤波同化的 LAI 驱动 BEPS 模型对竹林生态系统碳通量进行模拟，使模拟结果的误差进一步降低，可以运用粒子滤波同化 LAI 对 2011～2014 年浙江省区域的竹林生态系统碳通量进行模拟，该模拟结果能够较好地呈现大区域竹林生态系统碳通量的时空间变化趋势。

参 考 文 献

陈先刚，张一平，张小全，等，2008. 过去 50 年中国竹林碳储量变化[J]. 生态学报，28(11): 5218-5227.

陈云飞，江洪，周国模，等，2013. 高效经营雷竹林生态系统能量通量过程及闭合度[J]. 应用生态学报(4): 1063-1069.

方精云，于贵瑞，任小波，等，2015. 中国陆地生态系统固碳效应：中国科学院战略性先导科技专项"应对气候变化的碳收支认证及相关问题"之生态系统固碳任务群研究进展[J]. 中国科学院刊，30(6): 848-857，875.

黄启民，杨迪蝶，1989. 毛竹光合作用的研究[J]. 林业科学，25(4): 366-369.

林新春，袁晓亮，林绕，等，2010. 雷竹开花生物学特性研究[J]. 福建林学院学报，30(4): 333-337.

刘玉芳，陈双林，李迎春，等，2014. 竹子生理可塑性的环境胁迫效应研究进展[J]. 浙江农林大学学报，31(3): 473-480.

刘玉莉，江洪，周国模，等，2014. 安吉毛竹林水汽通量变化特征及其与环境因子的关系[J]. 生态学报，34(17): 4900-4909.

卢伟，范文义，田甜，2016. 基于东北温带落叶阔叶林通量数据的 BEPS 模型参数优化[J]. 应用生态学报，27(5): 1353-1358.

王培娟，孙睿，朱启疆，等，2006. 复杂地形条件下提高 BEPS 模型模拟能力的途径[J]. 中国图象图形学报，11(7): 1017-1025.

王培娟，谢东辉，张佳华，等，2009. BEPS 模型在华北平原冬小麦估产中的应用[J]. 农业工程学报，25(10): 148-153.

吴志庄，杜旭华，熊德礼，等，2013. 不同类型竹种光合特性的比较研究[J]. 生态环境学报，22(9): 1523-1527.

张方敏，居为民，陈镜明，等，2010. 基于 BEPS 生态模型对亚洲东部地区蒸散量的模拟[J]. 自然资源学报，9(9): 1596-1606.

郑炳松，金爱武，程晓建，等，2001. 雷竹光合特性的研究[J]. 福建林学院学报(4): 359-362.

BEER C, REICHSTEIN M, TOMELLERI E, et al., 2010. Terrestrial gross carbon dioxide uptake: global distribution and covariation with climate[J]. Science, 329(5993): 834-838.

BONAN G B, 1995. Land-atmosphere CO$_2$ exchange simulated by a land surface process model coupled to an atmospheric general circulation model[J]. Journal of Geophysical Research Atmospheres, 100(D2): 2817-2831.

CHEN J M, CHEN X Y, JU W M, et al., 2005. Distributed hydrological model for mapping evapotranspiration using remote sensing inputs[J]. Journal of Hydrology, 305: 15-39.

CHEN J M, LIU J, CIHLAR J, et al., 1999. Daily canopy photosynthesis model through temporal and spatial scaling for remote sensing applications[J]. Ecological Modelling, 124(2): 99-119.

CHEN X G, ZHANG X Q, ZHANG Y P, et al., 2009. Changes of carbon stocks in bamboo stands in China during 100 years[J]. Forest Ecology and Management, 258(7): 1489-1496.

FARQUHAR G, CAEMMERER S V, BERRY J, 1980. A biochemical model of photosynthetic CO$_2$ assimilation in leaves of C$_3$ species[J]. Planta, 149(1): 78-90.

FENG X F, LIU G H, CHEN J M, et al., 2007. Net primary productivity of China's terrestrial ecosystems from a process model driven by remote sensing[J]. Journal of Environmental Management, 85(3): 563-573.

HAN N, DU H Q, ZHOU G M, et al., 2013. Spatiotemporal heterogeneity of moso bamboo aboveground carbon storage with Landsat Thematic Mapper images: a case study from Anji County, China[J]. International Journal of Remote Sensing, 34(14): 4917-4932.

LI P H, ZHOU G M, DU H Q, et al., 2015. Current and potential carbon stocks in moso bamboo forests in China[J]. Journal of Environmental Management, 156:89-96.

LIU J, CHEN J M, CIHLAR J, et al., 1997. A process-based boreal ecosystem productivity simulator using remote sensing inputs[J]. Remote Sensing of Environment, 62(2): 158-175.

LIU J, CHEN J M, CIHLAR J, et al., 1999. Net primary productivity distribution in the BOREAS region from a process model using satellite and surface data[J]. Journal of Geophysical Research: Atmospheres, 104(D22): 27735-27754.

LIU J, CHEN J M, CIHLAR J, 2003. Mapping evapotranspiration based on remote sensing: an application to Canada's landmass[J]. Water Resources Research, 39(7): 1189-1192.

LOU Y P, LI Y X, BUCKINGHAM K, et al., 2010. Bamboo and climate change mitigation[R]. Technical Report-International Network for Bamboo and Rattan (INBAR).

NORMAN J M, 1982. Simulation of microclimates[J]. Biometeorology in Integrated Pest Management: 65-99.

PAN Y, BIRDSEY R A, FANG J, et al., 2011. A large and persistent carbon sink in the world's forests[J]. Science, 333(6045): 988-993.

PIAO S, FANG J, CIAIS P, et al., 2009. The carbon balance of terrestrial ecosystems in China[J]. Nature, 458(7241): 1009-1014.

RUNNING S W, COUGHLAN J C, 1988. A general model of forest ecosystem processes for regional applications. I. Hydrologic balance, canopy gas exchange and primary production processes[J]. Ecological Modelling, 42(2): 125-154.

TAN Z H, ZHANG Y P, SCHAEFER D, et al., 2011. An old-growth subtropical Asian evergreen forest as a large carbon sink[J]. Atmospheric Environment, 45(8): 1548-1554.

WANG J, CHEN T H, CHEN S Y, et al., 2010. Estimating aboveground biomass and carbon sequestration of moso bamboo growth under selection cutting after 2 years[J]. Quarterly Journal China Forestry, 32(3): 35-44.

WANG S Q, ZHOU L, CHEN J M, et al., 2011. Relationships between net primary productivity and stand age for several forest types and their influence on China's carbon balance[J]. Journal of Environmental Management, 92(6): 1651-1662.

XU C, LIU M, AN S, et al., 2007. Assessing the impact of urbanization on regional net primary productivity in Jiangyin County, China[J]. Journal of Environmental Management, 85(3): 597-606.

YAN J, WANG Y, ZHOU G, et al., 2006. Estimates of soil respiration and net primary production of three forests at different succession stages in South China[J]. Global Change Biology, 12(5): 810-821.

YEN T M, 2015. Comparing aboveground structure and aboveground carbon storage of an age series of moso bamboo forests subjected to different management strategies[J]. Journal of Forest Research, 20(1): 1-8.

ZHOU G M, MENG C F, JIANG P K, et al., 2011b. Review of carbon fixation in bamboo forests in China[J]. The Botanical Review, 77(3): 262-270.

ZHOU G M, SHI Y J, LOU Y P, et al., 2013. Methodology for carbon accounting and monitoring of bamboo afforestation projects in China[M]. Beijing: China: INBAR.

ZHOU G, LIU S, LI Z, et al., 2006. Old-growth forests can accumulate carbon in soils[J]. Science, 314(5804): 1417.

ZHOU G, MENG C, JIANG P, et al., 2011a. Review of carbon fixation in bamboo forests in China[J]. Botanical Review, 77(3): 262-270.